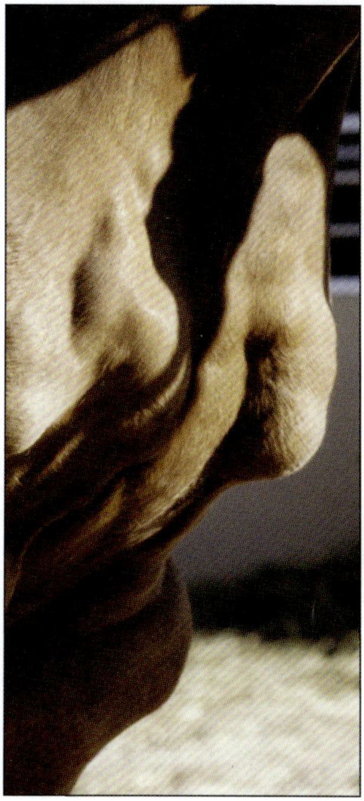

Dermatologie

für den Pferdepraktiker

Professor Dr. Ralf S. Müller, MACVSc
Diplomate, American College of Veterinary Dermatology
Fellow, Australian College of Veterinary Scientists (Dermatology)

Medizinische Tierklinik
Ludwig-Maximilians-Universität
Veterinärstr. 13, 80539 München

VBS VetVerlag,
Buchandel und Seminar GmbH
Im Schloss, PF 1448
64832 Babenhausen
www.be-vetverlag.de

und Lehmanns
Fachbuchhandlung GmbH
Hardenbergstraße 11
10623 Berlin
www.vetbook.de

Anschrift des Autors:
Prof. Dr. Ralf S. Müller, MACVSc, DipACVD, FACVSc, DipECVD
Medizinische Kleintierklinik
Ludwig-Maximilians-Universität München
Veterinärstr. 13, 80539 München
Email: Ralf.Mueller@med.vetmed.uni-muenchen.de

Übersetzung: Prof. Dr. Ralf Müller
Satz und Design: com.cores, Leipzig
Druck: IGT Colordruck, Leipzig

ISBN 978-3-938274-19-4
Printed in Germany

Widmung

Dieses Buch ist Dr. Anthony A. Stannard gewidmet. Tony war nicht nur mein Mentor in Pferdedermatologie und Dermatopathologie, er war ein Kliniker von höchster Integrität, der an Menschen und Pferden tiefen Anteil nahm. Tony war in der Lage, komplizierte wissenschaftliche Fakten und Mechanismen in leicht verständliche, praktische Grundwahrheiten zu vereinfachen. Vielen Dank, Tony!

Ohne die Unterstützung und Liebe meiner Frau, Kollegin und bester Freundin Dr. Sonya Bettenay wäre dieses Buch, wie so vieles andere in meinem Leben, nicht vorstellbar.

Für alle die Kollegen, deren Unterstützung es mir ermöglichte, das Wissen und die Erfahrung zu sammeln, die dieses Buch hoffentlich zu einem nützlichen Ratgeber in der Pferdepraxis macht. Besonderer Dank gilt Dres. Andrea Cannon, Helen Power, Josie Traub-Dargatz und Linda Vogelnest für ihre Durchsicht des Manuskripts und Dres. Hélène Amory, Luc Beco, Sonya Bettenay, Andrea Cannon, John Cheney, Rod Rosychuk, Anthony Stannard, Josie Traub-Dargatz und Sonja Zabel für einige der mir zur Verfügung gestellten Fotos.

5
6
FERRERO
AUTO CENTER INC
HOME
STATE
BANK
rhartt
ODEO FAIR

Vorwort

Liebe Kollegen,

Pferde sind wundervolle Kreaturen, die uns vieles lehren können. Sie sind eine Quelle der Bewunderung und Freude für Besitzer und Tierärzte. Dermatologie ist ein oft unterschätzter Teil der Pferdepraxis. Auf Grund des chronischen Verlaufs vieler Hautprobleme frustrieren sie häufig Tierärzte, Patientenbesitzer und Patienten. Wir haben in den letzten Jahren über Pferdedermatologie viel gelernt, wissen aber noch viel zu wenig.

Dieses Buch stellt eine praktische Einführung in die Veterinärdermatologie für den vielbeschäftigten Pferdepraktiker dar. Es soll bei der Diagnose und beim Management der alltäglichen Hauterkrankungen helfen und gibt Richtlinien bei der Aufarbeitung von seltenen und komplizierten Hautveränderungen, die eine intensivere Lektüre oder die Überweisung zu einem Pferdespezialisten oder Veterinärdermatologen erfordern.

Hauptsächlich aber hoffe ich, dass mit diesem Buch Ihre Freude an der Dermatologie, und Ihre diagnostischen und therapeutischen Fähigkeiten wachsen und sich die Lebensqualität Ihrer Pferedepatienten verbessert.

Um zukünftigen Auflagen noch relevanter und nutzvoller zu gestalten, würde ich es sehr begrüßen, wenn Sie mir Kritik- oder Anregungspunkte schicken oder emailen würden.

Hochachtungsvoll

Ralf Müller

Prof. Dr. med.vet. Ralf Müller, MACVSc
Diplomate, American College of Veterinary Dermatology
Fellow, Australian College of Veterinary Scientists
Diplomate, European Colelge of Veterinary Dermatology

Inhalt

Teil I „How To“

Teil 2 Der Zugang zu häufigen dermatologischen Problemen

Teil 3 Therapie

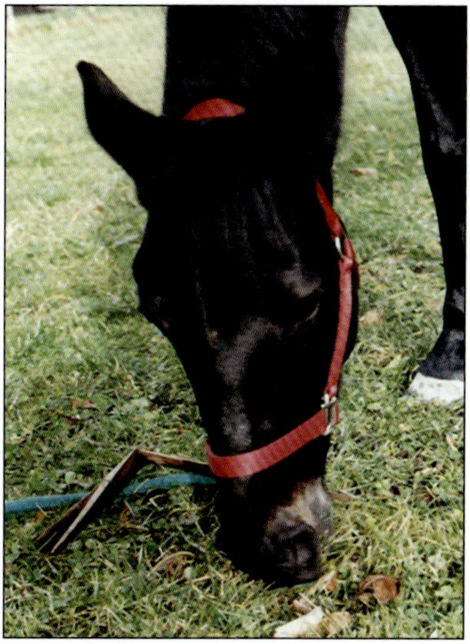

Generelle Grundsätze

Das Hauptziel dieses Buches

ist es, dem Praktiker ein schnell zugängliches Werk der Pferdedermatologie zur Verfügung zu stellen, das ihm eine gründliche und logische Aufarbeitung seiner mit Hautveränderungen vorgestellter Patienten ermöglicht. Es beinhaltet außerdem therapeutische Protokolle für die häufigsten dermatologischen Probleme beim Pferd.
Das Buch besteht aus drei Teilen. Der erste Teil beschäftigt sich mit der Erhebung einer dermatologischen Anamnese, der Interpretation der Ergebnisse im Bezug auf die klinischen Symptome und der Entscheidung für die weiterführenden Untersuchungen. Im zweiten Teil wird die Annäherung an häufige dermatologische Probleme erläutert, während im letzten Teil auf therapeutische Möglichkeiten für spezifische Erkrankungen eingegangen wird.

Einige hilfreiche Hinweise

Im Text verstreut finden sich die folgenden Symbole, um besonders wichtige Aspekte hervorzuheben.

✓ Dies ist ein typisches Merkmal für das behandelte Argument.

🗝 Dieses Symbol wird selektiv eingesetzt. Es ist der Schlüsselgedanke zum Verständnis des speziellen Themas.

✋ Stop. Dies sieht nicht wichtig aus, kann aber auf wesentliche Unterschiede hinweisen.

💣 Wenn dies nicht berücksichtigt wird, kann es im Ernstfall zum Verlust des Patienten bzw. des Kunden kommen.

* Wirkstoffe und Erkrankungen, die mit einem Stern und einem farbigen Hintergrund in Teil 2 und 3 versehen sind, sind potentiell schwierig oder können mit schweren Nebenwirkungen einhergehen. Eine Überweisung zu einem Spezialisten oder Hilfe von einem erfahrenen Kollegen sollte eventuell in Betracht gezogen werden.

Teil I

„How to“

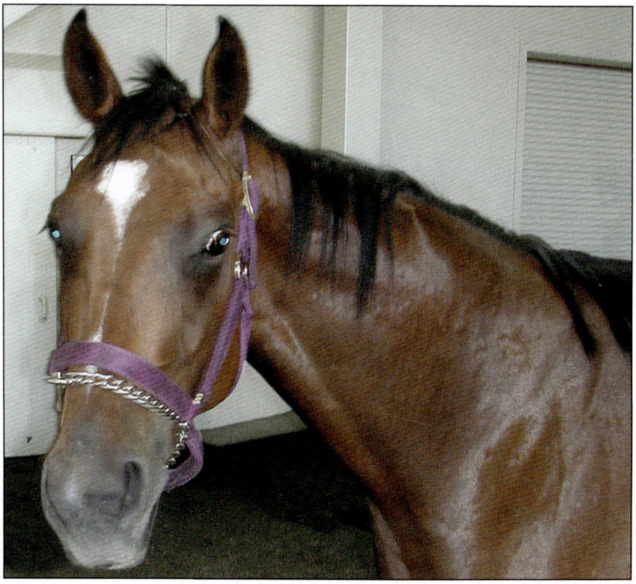

In diesem Teil werden Kernfragen der dermatologischen Anamneseerhebung beim Pferd und ihre Interpretation, sowie spezielle Hautläsionen und ihre Bedeutung besprochen. Weiterhin gebe ich Erläuterungen zu den verschiedenen Untersuchungsmethoden, deren Indikationen, erkläre detailliert die notwendigen Techniken und erläutere die erhaltenen Resultate.

Dermatologische Anamnese

Die Symptome verschiedener Hauterkrankungen sind einander sehr ähnlich und die Ursachen für ein Hautproblem können allein durch die klinische Untersuchung des Pferdes oft nicht ermittelt werden. Eine gründliche Anamneseerhebung liefert wertvolle Informationen bezüglich der Ursachen eines Hautproblems und erlaubt dem Tierarzt, Prioritäten bei den zeitintensiven und häufig teuren diagnosesichernden Untersuchungsmethoden zu setzen. Ich lasse meine Kunden einen Fragebogen ausfüllen, bevor oder während ich das Pferd untersuche. Dies mindert den Zeitaufwand, um wichtige Informationen durch den Besitzer zu erhalten, hilft eine komplette Anamnese unabhängig von Stress und Zeitmangel zu erstellen und ermöglicht es dem Kunden, sich Gedanken über das Problem des Pferdes zu machen.
Ein Beispiel für einen dermatologischen Fragebogen liegt im Appendix vor.
Es ist wichtig, Fragen klar zu formulieren, da viele Tierbesitzer relevante Informationen entweder deswegen nicht erwähnen, weil sie sich deren Bedeutung nicht klar sind oder weil sie befürchten, dass sie vom Tierarzt falsch verstanden werden. Manchmal ist es sinnvoll, dieselbe Frage auf verschiedene Art und Weise zu stellen, um eine auswertbare Aussage zu bekommen.
Ich kann nicht genug betonen, wie wichtig es ist, eine gute und effiziente Anamnese zu erheben, was wiederum ein sehr fundiertes Wissen, praktische und theoretische Erfahrung sowie kommunikative Geschicklichkeit erfordert.

Frage: *Zu welcher Rasse gehört das Pferd?*

Bedeutung

✓ Einige Rassen neigen zu bestimmten Hauterkrankungen, daher ist es sinnvoll, eine Liste mit solchen Rassenprädispositionen in Reichweite zu haben

✓ Rassenprädispositionen können in unterschiedlichen geografischen Regionen variieren!

✓ Araber sind für vaskuläre Hamartome und Hautdepigmentierung („Pinky Syndrom“) prädisponiert.

✓ Bei Quarterhorses werden Dermatosparaxis, lineare Keratose/Alopezie, Leukotrichie und unilaterale papuläre Dermatose häufiger diagnostiziert.

✓ Mähnen- und Schweifdystrophie kommen bei Appaloosas häufiger vor.

✓ Vollblüter, Quarterhorses und Araber können an atopischer Dermatitis erkranken.

✓ Belgier sind für Epidermolysis bullosa prädisponiert, eine Erkrankung, die schon bei jungen Fohlen diagnostiziert wird.

Frage: *Wie alt war das Pferd beim Auftreten der ersten Symptome?*

Bedeutung

✓ Bei Fohlen kommen kongenitale und hereditäre Defekte häufiger vor. Pemphigus foliaceus kann ebenfalls beim Fohlen vorkommen.

✓ Junge Pferde sind häufiger von atopischer Dermatitis, bakteriellen Infekten (Trauma oder Stress-induziert) oder Dermatophytose betroffen. Psoroptes-Räude wird gewöhnlich bei jungen, aufgestallten Pferden diagnostiziert.

✓ Bei Pferden mittleren Alters werden immunbedingte Erkankungen wie Pemphigus foliaceus häufiger gesehen.

✓ Alte Pferde sind öfter von Amyloidose, Cushing's Syndrom und Neoplasien betroffen.

Frage: *Wie lange besteht die Erkrankung bereits und wie war ihr Verlauf?*

Bedeutung

✓ Akut einsetzender, starker Juckreiz ist häufig durch Ektoparasiten wie Psoroptes equi und Trombikulidiase sowie durch Culicoides Allergien ausgelöst.

✓ Wenn Juckreiz das erste klinische Zeichen ist und Hautläsionen erst zu einem späteren Zeitpunkt auftreten, sind Allergien wie die atopische Dermatitis, Ektoparasiten und seltener Futtermittelreaktionen mögliche Ursachen. Beim gleichzeitigen Erscheinen von Juckreiz und Hautläsionen können die Ursachen sehr vielfältig sein.

✓ Seit langem bestehende Haarlosigkeit ohne Juckreiz kann Hinweise auf Follikeldysplasien, Alopecia areata und hereditäre Alopezien geben.

✓ Das Vorliegen von chronischen Wunden mit oder ohne Fistelgängen erfordert die Suche nach einem infektiösem Erreger.

Frage: *Hat das Tier Juckreiz?*

Bedeutung:
✓ Juckreiz bei Pferden ist manchmal schwer zu erkennen. Tierbesitzer betrachten häufig reiben, stampfen oder beißen nicht als Zeichen von Juckreiz. Mehrere Routinefragen können nötig sein, um das Vorliegen von Juckreiz beim Patienten zu erfahren.

✓ Die Präsenz von Juckreiz mit Hautveränderungen gibt keine Hinweise auf dessen Ursache, da viele Erkrankungen zu Juckreiz führen. Beim Vorliegen von nicht-läsionalem Juckreiz ist an allergische Erkrankungen oder Ektoparasiten zu denken.

✓ Die vom Besitzer wahrgenommene Stärke des Juckreizes ist subjektiv. Einige Besitzer übersehen ihn trotz des intensiven Reibens oder Beissens ihres Pferdes während der Untersuchung. Andere Besitzer sind gute und zuverlässige Beobachter. Eine gute Kommunikations- und Urteilsfähigkeit sind essentiell, um eine objektive klinische Beurteilung zu ermöglichen.

Frage: *Treten die Beschwerden saisonal auf?*

Bedeutung:
✓ Insektenstichallergien (hauptsächlich durch Mücken und Bremsen) führen häufig zu Erkrankungen, die im Sommer schlimmer werden. Ob klinische Symptome zur kalten Jahreszeit ganz abwesend oder weniger ausgeprägt sind, hängt von den jeweiligen Umweltbedingungen ab.

✓ In Abhängigkeit vom Klima kann auch die atopische Dermatitis saisonal sein. In vielen gemäßigten Regionen ist sie im Frühjahr und Sommer deutlicher ausgeprägt, wenn sie durch Baum- und Gräserpollen bedingt ist, während sich Allergien auf Kräuter im Sommer und Herbst stärker manifestieren. In wärmeren Klimazonen wie z.B. tropischen oder subtropischen Regionen ist die Pollensaison in der Regel länger. Allergische Reaktionen gegen Futtermilben oder Schimmelpilzsporen sind häufig nicht saisonal.

✓ Viele Pferde mit atopischer Dermatitis oder Insektallergien sind jedes Jahr schwerer und für längere Zeiträume betroffen.

Frage: *Zeigt das Tier andere Symptome wie z.B. Niesen, Husten oder Fieber?*

Bedeutung
✓ Niesen und Husten können im Zusammenhang mit Atopie auftreten und werden durch Allergene in der Luft ausgelöst..

✓ Lungenödeme kommen bei kranken Pferden mit Purpura hämorrhagica vor.

✓ Fieber und Depression werden bei viralen Erkrankungen, Vaskulitis, granulomatöser Erkrankung, Lymphosarkomen oder einer dem systemischen Lupus erythematodes ähnlichen Erkrankung gesehen.

Frage: *Welches Futter bekommt das Pferd?*

Bedeutung

✓ Informationen über die Diät erlauben dem Kliniker Rückschlüsse über evt. Mangelerscheinungen. Diese Informationen helfen ggf. auch bei der Erstellung einer Eliminationsdiät.

✓ Wenn schon eine spezielle Diät gefüttert worden ist, diese aber keine richtige Eliminationsdiät war (sie wurde entweder nicht konsequent oder nicht lange genug verabreicht), sollte sie evt. wiederholt werden.

🗝 Im Gegensatz zu der weit verbreiteten Annahme treten Futtermittelüberempfindlichkeiten nicht unmitttelbar nach einem Futterwechsel auf. Die meisten Tiere mit Nahrungsmittelallergien/-reaktionen haben das allergieauslösende Futter schon über Jahre gefressen, ohne klinische Symptome zu zeigen.

✋ Vergessen Sie nicht, nach Vitaminpräparaten oder Nahrungsergänzungspräparaten zu fragen, die oft vergessen werden, wenn Fütterung mit dem Besitzer besprochen wird.

Frage: *Haben andere Pferde regelmäßig Kontakt zu dem Patienten oder benutzen andere Pferde diesselben Pferdedecken, Sättel, Bürsten oder andere Ausrüstung. Zeigen diese Pferde irgendwelche Abnormalitäten?*

Bedeutung:

✓ Wenn andere Pferde betroffen sind, sind ansteckende Erkrankungen wie Dermatophytose oder Ektoparasiten wahrscheinlicher.

✋ Andere Pferde können allerdings auch als Träger und Reservoir für Ektoparasiten dienen, ohne selber klinische Symptome zu haben.

Frage: *Wurde diese Erkrankung bisher behandelt? Wenn ja, mit welchen Medikamenten und welchem Erfolg? Diese Frage darf nicht nur die verschriebenen Medikamente betreffen, sondern muss auch abdecken, was Besitzer an Ergänzungsfuttermitteln, Vitaminpräparaten und Hausmittelchen verwendet haben!*

Bedeutung

Informationen zu Erfolg oder Misserfolg bisheriger Therapien können bei der Suche nach der Ursache der Erkrankung von enormer Wichtigkeit sein.

✓ Der Therapieerfolg mit Glukokortikoiden ist nicht unbedingt aussagekräftig, da viele Hauterkrankungen zumindest anfangs auf diese symptomatische, unspezifische Behandlung ansprechen.

✓ Eine mehrmalige Besserung auf wiederholt verabreichte, niedrig dosierte Glukokortikoide kann Hinweise auf allergische Erkrankungen geben (die beim Pferd selten durch Malassezien-Dermatitis verkompliziert sein können).

✓ Therapieerfolge durch die gleichzeitige Anwendung von Antibiotika und Glukokortikoiden erlauben wenige Rückschlüsse.

☞ Wichtig ist die Frage, wie sehr der Zustand des Tieres sich mit der Therapie verbesserte, da viele Besitzer eine Behandlung als Misserfolg ansehen, wenn das Tier nicht völlig geheilt wurde.

☞ Pferdebesitzer verwenden oft Hausmittel oder von anderen Behandlungen übriggebliebene Medikamente, ohne diese zu erwähnen. Daher muss nach solchen Behandlungen ganz speziell gefragt werden.

Frage: *Wann wurde die letzte Behandlung mit Medikamenten durchgeführt?*

Bedeutung:
Eine nur kurz zurückliegende Medikation kann das klinische Erscheinungsbild beeinträchtigen. Sie kann zudem das Ergebnis verschiedener Untersuchungen verfälschen, deren Durchführung daher erst zu einem späteren Zeitpunkt erfolgen kann.

✓ Langzeit-Medikationen mit Glukokortikoiden verfälschen Allergietests, sowohl Intrakutan- als auch serologische Tests. Sie verändern außerdem histopathologische Befunde und die Ergebnisse vieler Blutuntersuchungen.

✓ Antihistamine und kurzfristig eingesetzte systemische und lokale Glukokortikoide (z.B. weniger als 4 Wochen) können den Intrakutantest beeinflussen.

✓ An Fragen zu Vitamin-Integratoren oder Entwurmungsmitteln sollte gedacht werden, da auch sie Formen der Pharmakotherapie darstellen.

Frage: *Verbessert sich der Zustand des Tieres in einer anderen Umgebung (bei Aufstallung oder auf einer anderen Weide ?*

Bedeutung:
✓ Die Verbesserung in einer anderen Umgebung lässt ursächlich ein sich in der Umwelt befindliches Allergen (Luft oder Kontakt) oder eine irritierende Substanz vermuten.

✓ Wenn sich der Zustand nicht verbessert, kann man dennoch bestimmte Allergien nicht ausschließen, da Allergene in der Luft sowie Kontaktallergene an verschiedenen Orten identisch sein können.

Frage: *Was wird derzeitig zur Entwurmung und/oder zur Mückenkontrolle eingesetzt?*

Bedeutung:
✓ Regelmäßige und sachgerechte Verwendung von Ivermektin zur Entwurmung vermindert die Wahrscheinlichkeit von Erkankungen wie Onchozerkose.

✓ Regelmäßige Insektenbekämpfungsmassnahmen schliessen eine Allergie gegen Mücken nicht notwendigerweise aus!

Dermatologische Untersuchung

Eine gründliche dermatologische Untersuchung erfordert eine gute Beleuchtung, eine systematische und gründliche Aufarbeitung und sollte immer mit einer allgemeinen Untersuchung einhergehen. Der Beobachtung aus einer gewissen Distanz sollte eine nähere Inspektion von Haut und Schleimhäuten folgen. Ich beginne am Kopf, schaue nach den Lippen, dem Maul, den Augen und den Ohren, streiche über den Nacken und Rumpf, untersuche die Mähne und den Schweif, hebe den Schweif, um die Perianalregion zu beurteilen und schaue dann nach den Beinen. Jedes Bein sollte angehoben und der Huf sowie die Sohle beurteilt werden.

Allgemeine Betrachtungen

Lokalisierte oder generalisierte Probleme
✓ Lokalisierte Probleme können durch infektiöse Erreger hervorgerufen werden, die an einer gewissen Stelle eintreten und sich nur lokal ausbreiten konnten, wie z.B. Pythiose, Phaeohyphomykose or Pseudomycetom auf Grund von Dermatophyten.

✓ Neoplastische Erkrankungen sind normalerweise zumindest zu Beginn lokalisiert.

✓ Generalisierte Erkrankungen beruhen häufig auf Allergien oder systemischen Pathologien wie immunbedingten Hautveränderungen.

Symmetrie
✓ Systemische Erkrankungen wie Allergien oder Pemphigus foliaceus verursachen typischerweise bilaterale, symmetrische Läsionen.

✓ Asymmetrische Läsionen haben häufiger externe Ursachen wie Dermatophilose oder Pilzinfektionen (z.B. Dermatophytose).

Haarkleid: Qualität, Farbe und Glanz

✓ Ist das Haarkleid stumpf oder glänzend? Ein stumpfes Fell kann auf metabolische und hormonelle Erkrankungen, Mangelzustände oder chronische Erkrankungen zurückzuführen sein.

✓ Liegen Farbveränderungen der Mähne oder des Schweifs vor – und wenn – traten diese vorher oder gleichzeitig mit Beginn der Hauterkrankung auf oder waren sie deren Folge. Farbveränderungen des Fells können durch chronische oder schwere Entzündung oder Primärerkrankungen entstehen.

✓ Auch Veränderungen der Haarqualität (sowohl ein rauhes, als auch ein feines Fells) und Haarmenge (Hypertrichose bei Hyperadrenokortizismus) können Hinweise auf hormonelle Erkrankungen oder Follikeldysplasien liefern.

Die eingehende Untersuchung von Haut und Schleimhäuten folgt der generellen Untersuchung. Jede auffällige Veränderung sollte beachtet werden. Primärläsionen sind initiale Effloreszenzen, die direkt durch den zugrundeliegenden Krankheitsprozeß entstehen. Sekundärlesionen entwickeln sich aus den Primärlesionen, sind Folge von Selbsttraumatisierungen des Pferdes oder Umwelteinflüssen (Behandlungen). Es ist wichtig, dass der Kliniker eine Differenzierung zwischen Primär- und Sekundärläsionen vornehmen und deren zugrundeliegenden Pathomechanismus nachvollziehen kann, um eine relevante Liste der Differentialdiagnosen zu erstellen. Zunächst werden die einzelnen Läsionen und deren Bedeutung sowie die entsprechenden häufigsten Differentialdiagnosen beschrieben.

Primärläsionen

Macula (Fleck)

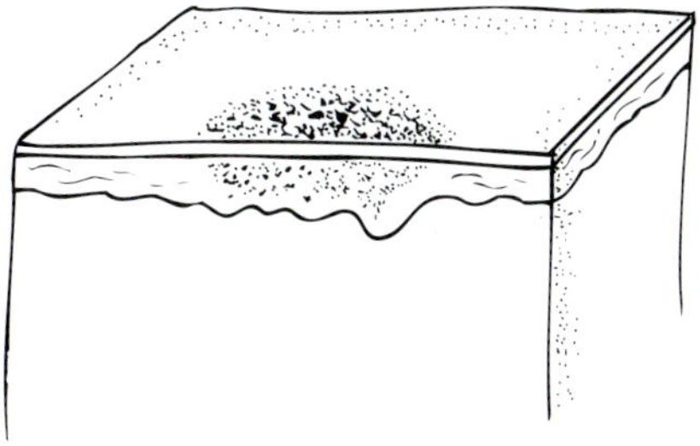

Abb. 1-1 A

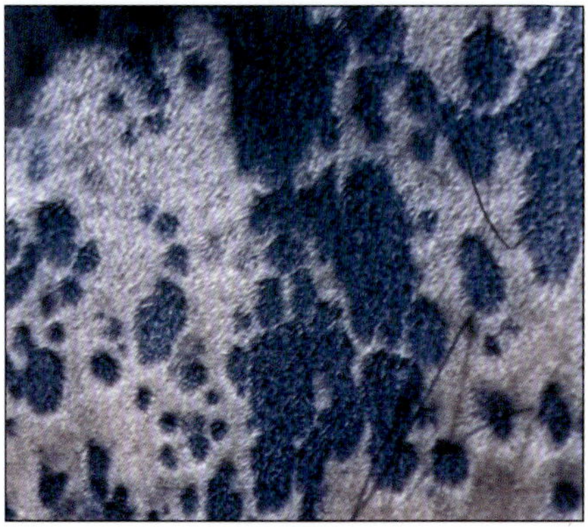

Abb. 1-1 B

Definition: Fokale, umschriebene, nicht palpierbare Farbveränderung bis zu 1 cm Größe (größere Flecken heißen „patch").
Pathogenese: Pigmentveränderung durch verminderte oder vermehrte Melaninproduktion; Erythem durch Entzündung oder lokale Hämorrhagie durch Trauma oder Vaskulitis.

Differentialdiagnosen – Depigmentierung: Vitiligo, „Lupus erythematosus-like syndrome", „Arabian fading syndrome".
Differentialdiagnosen – Erythem: Entzündung mit verschiedenen Ursachen (die Rötung verschwindet, wenn ein Objektträger gegen die Haut gepresst wird = Diaskopie) oder Hämorrhagie durch Vaskulo- oder Koagulopathien (die Rötung bleibt unter Diaskopie bestehen).

Papula (Papel)

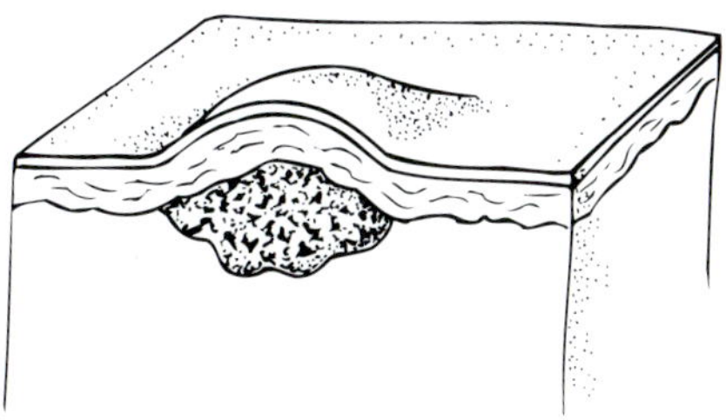

Abb. 1-2 A

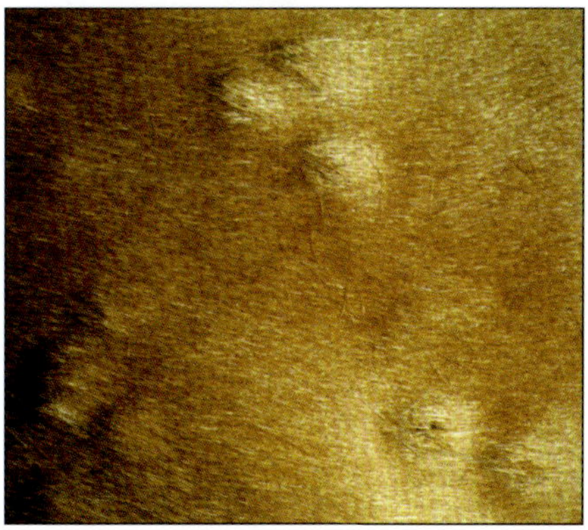

Abb. 1-2 B

Definition: Solide Hauterhebung von bis zu 1 cm Durchmesser. Größere Läsionen heißen Plaques.
Pathogenese: Infiltration von Entzündungszellen in die Dermis, fokale epidermale Hyperplasie, beginnende neoplastische Läsionen.

Differentialdiagnosen: Follikulitis auf Grund von Bakterien oder Pilzen, *Culicoides* – Allergie, Räude, Kontaktallergie, Erythema multiforme, Arzneimittelreaktionen.

Pustula (Pustel)

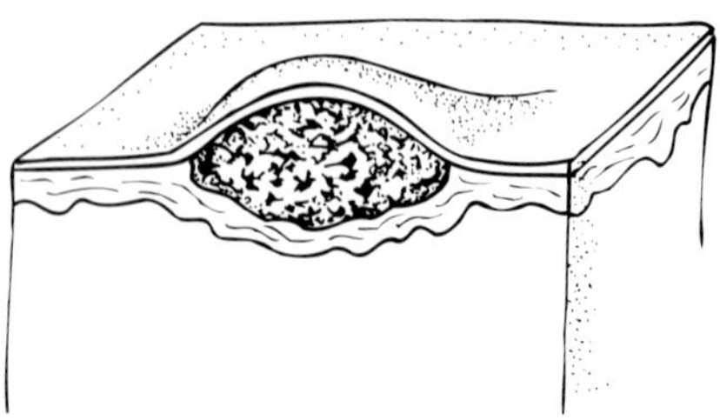

Abb. 1-3

Definition: Kleine, umschriebene, eitergefüllte Hauterhebung in der Epidermis.
Pathogenese: Meist ist die Pustel mit neutrophilen Granulozyten gefüllt, es existieren aber auch eosinophile Pusteln. Aspirationszytologie und Biopsie sind angezeigt. Pusteln sind beim Pferd sehr selten.
Differentialdiagnosen: Bakterielle Infektion, Pilzinfektion, immunbedingte Hauterkrankungen.

Vesikel (Bläschen)

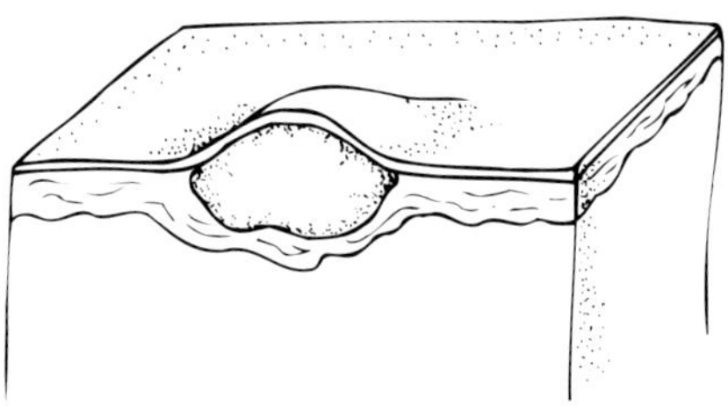

Abb. 1-4

Definition: Kleine, umschriebene Hauterhebung in oder unterhalb der Epidermis, die mit klarer Flüssigkeit gefüllt ist. Größere Vesikel heißen Blasen (Bullae). Vesikel sind sehr fragil und von daher kurzlebig.
Pathogenese: Spongiose und Ansammlung extrazellulärer Flüssigkeit durch Entzündung und Kohäsionsverlust. Vesikel sind beim Pferd sehr selten.
Differentialdiagnosen: Immunvermittelte und angeborene Hauterkrankungen, virale Erkrankungen, Irritationsdermatitis.

Quaddel (Urtica)

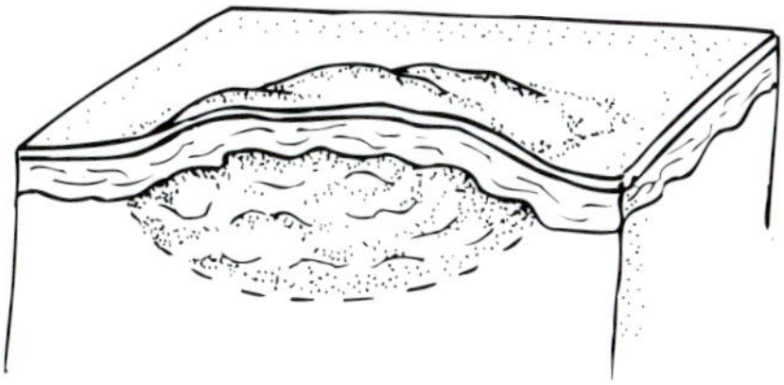

Abb. 1-5 A

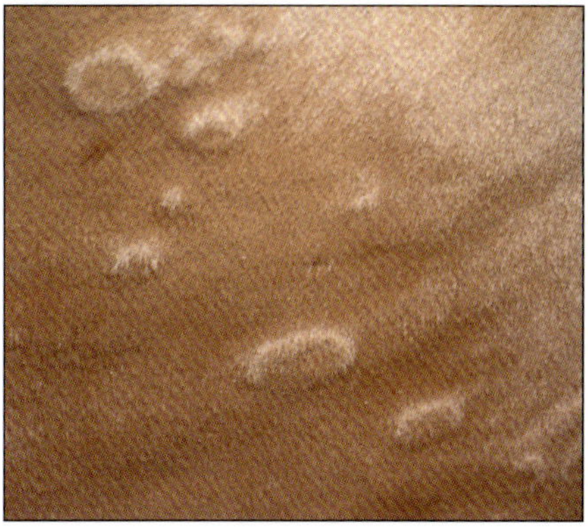

Abb. 1-5 B
Urticarial wheals.

Definition: Scharf umschriebene, erhabene, ödematöse Läsion, die innerhalb von kurzer Zeit auftritt und wieder verschwindet. Wenn der die Quaddeln hervorrufende Stimulus anhält, dann werden andauernd neue Quaddeln auftreten.
Pathogenese: Subkutanes Ödem.

Differentialdiagnosen: Alle Allergien (wie atopische Dermatitis oder Mückenallergien), Arzneimittelreaktionen.

Nodulus (Knoten)

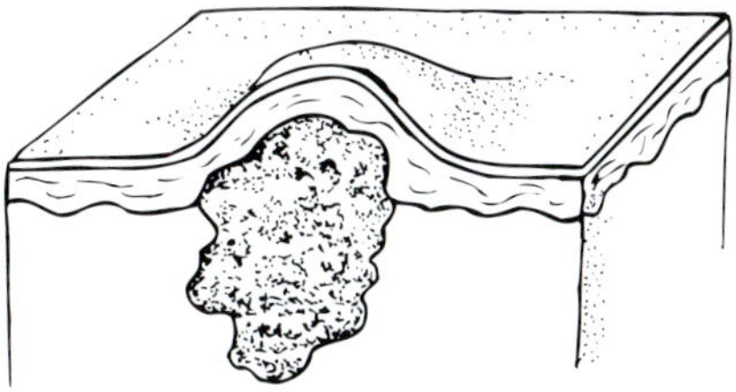

Abb. 1-6 A

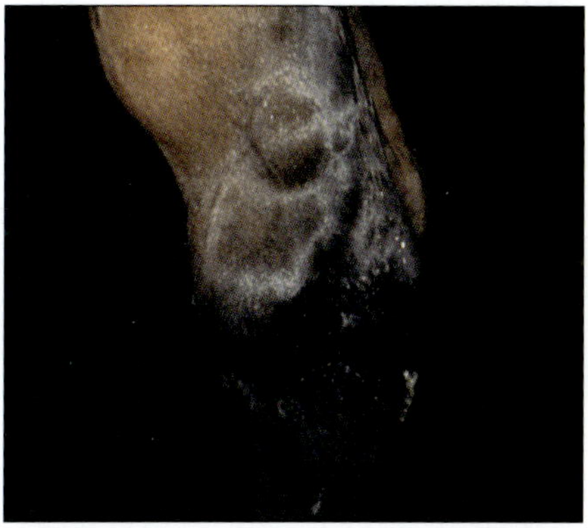

Abb. 1-5 B

Definition: Umschriebene, solide Hauterhebung, die größer als 1 cm Durchmesser ist und sich in die tieferen Schichten der Haut ausdehnt.
Pathogenese: Massive Infiltration von Entzündungs- oder neoplastischen Zellen oder Ablagerungen von Fibrin und kristallinem Material in die Dermis oder Subkutis.

Differentialdiagnosen: Eosinophiles Granulom, bakterielle oder pilzbedingte Infekte, Neoplasien.

Tumor

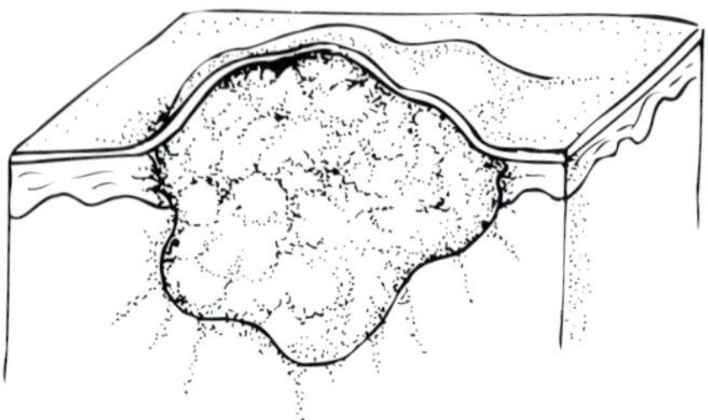

Abb. 1-7 A

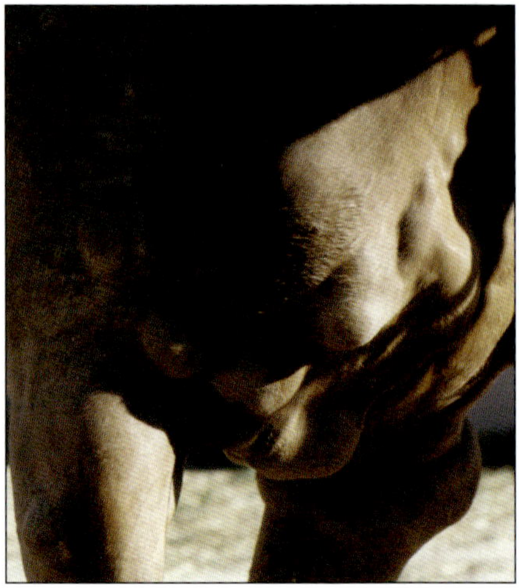

Abb. 1-7 B

Definition: Große Masse in der Haut und/-oder Unterhaut.
Pathogenese: Massive Infiltration von Entzündungs- oder neoplastischen Zellen.

Differentialdiagnosen: Sterile granulomatöse Erkrankungen, bakterielle oder pilzbedingte Infekte, Neoplasien.

Primär- oder Sekundäreffloreszenzen

Alopezie/Hypotrichose

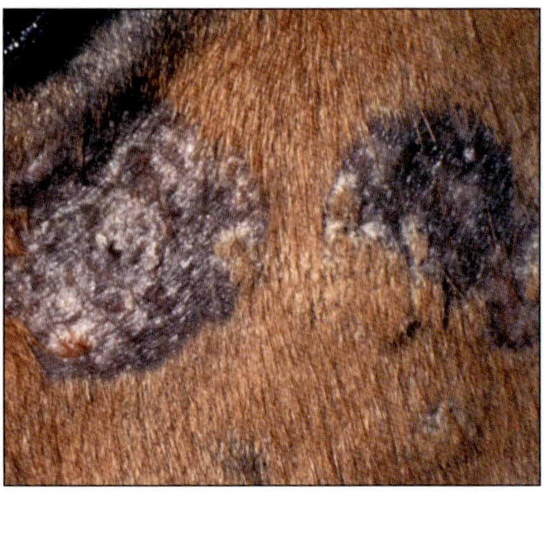

Abb. 1-8

Definition: partieller oder vollständiger Haarverlust, entzündlich oder nicht-entzündlich.
Pathogenese: Selbsttrauma, Schädigung des Haars oder des Haarfollikels durch Dysplasien, Entzündung und/oder Infektion.
Differentialdiagnosen: Primäreffloreszenz bei Alopecia areata, Follikeldysplasien, telogenem oder anagenem Effluvium. Sekundäreffloreszenz bei pruritischen Hauterkrankungen, bakterieller oder pilzbedingter Follikulitis oder (selten beim Pferd) Demodikose.

Schuppen

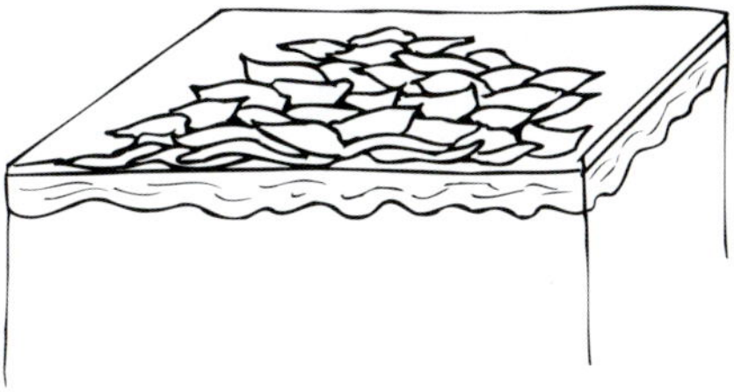

Abb. 1-9 A

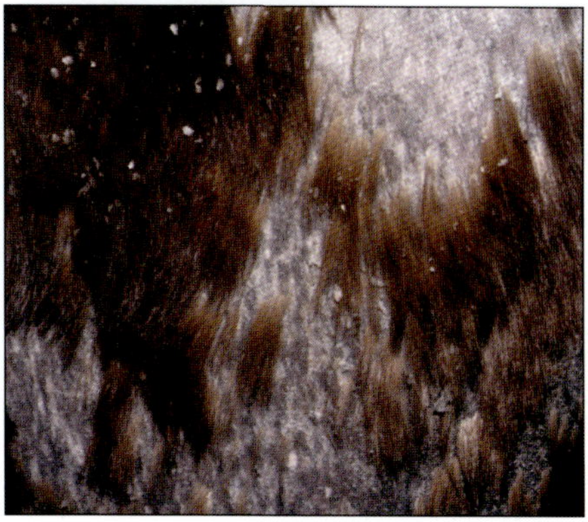

Abb. 1-9 B

Definition: Ansammlung loser Anteile der Hornschicht der Haut.
Pathogenese: Erhöhte Produktion von Keratinozyten oder erhöhte Retention von Keratinozyten (oft mit abnormem Keratinisierungsprozeß einhergehend). Schuppenbildung kommt beim Pferd sehr oft vor.

Differentialdiagnosen: Primäreffloreszenz bei Follikeldysplasie oder idiopathischer Seborrhoe. Sekundäreffloreszenz bei chronischen Hautentzündungen.

Krusten

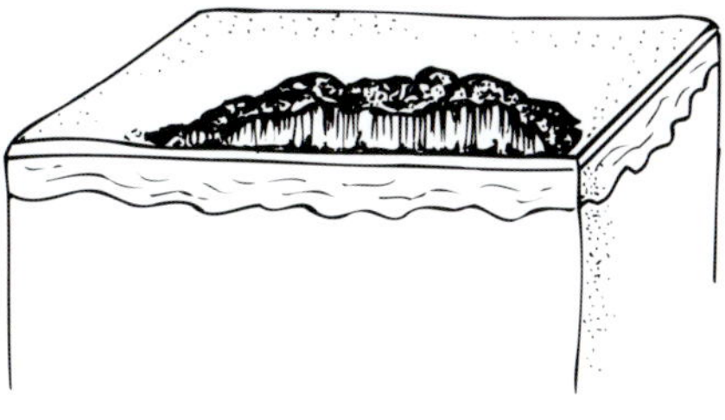

Abb. 1-10 A

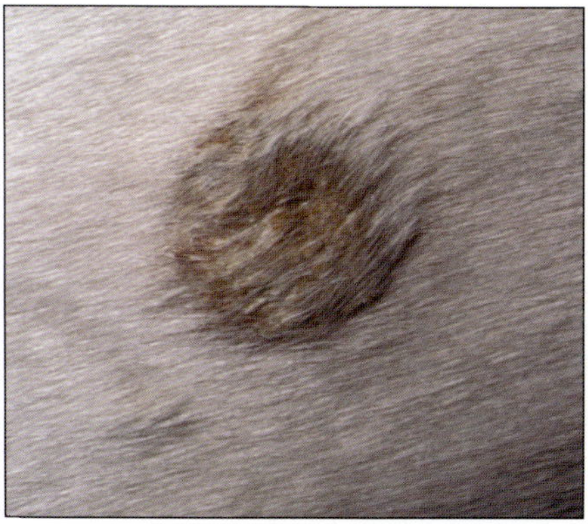

Abb. 1-10 B

Definition: Haftung von trockenem Exsudat, Serum, Eiter, Blut, Schuppen oder Medikamenten auf der Hautoberfläche.

Differentialdiagnosen: Primäreffloreszenz bei idiopathischer Seborrhoe. Sekundäreffloreszenz bei verschiedenen Erkrankungen wie Dermatophytose, Dermatophilose oder Pemphigus foliaceus.

Sekundäreffloreszenzen

Epidermale Collarettes

Abb. 1-11

Definition: Schuppen aus losen Keratinflocken oder „peeling" Keratin in einer zirkulären Anordnung.
Pathogenese: Reste einer Pustel oder eines Vesikels, nachdem die obere Schicht (das „Dach") verloren gegangen ist oder durch die flächige Ausbreitung einer punktuellen Entzündung, wie z.B. eine Papel hervorgerufen.
Differentialdiagnosen: Bakterielle oder pilzbedingte Infektion, immun-vermittelte Hauterkrankungen.

Erosion

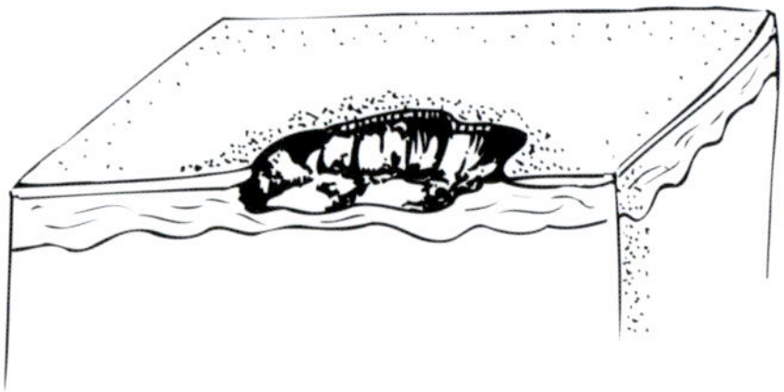

Abb. 1-12 A

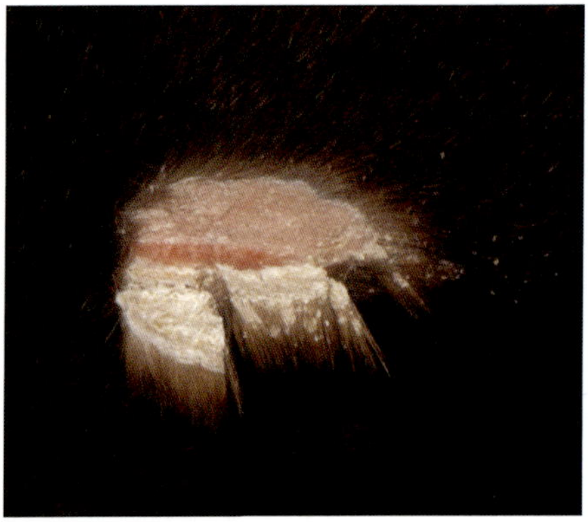

Abb. 1-12 B

Definition: Flacher epidermaler Defekt, bei dem die Basalmembran intakt bleibt. Klinisch nicht mit kapillärer Blutung einhergehend.
Pathogenese: Trauma oder Entzündung führt zum schnellen Absterben und/oder Verlust von Keratinozyten.

Differentialdiagnosen: Verschiedene Hauterkrankungen mit Selbsttraumatisierungen wie Infekte oder Allergien.

Ulkus (Geschwür)

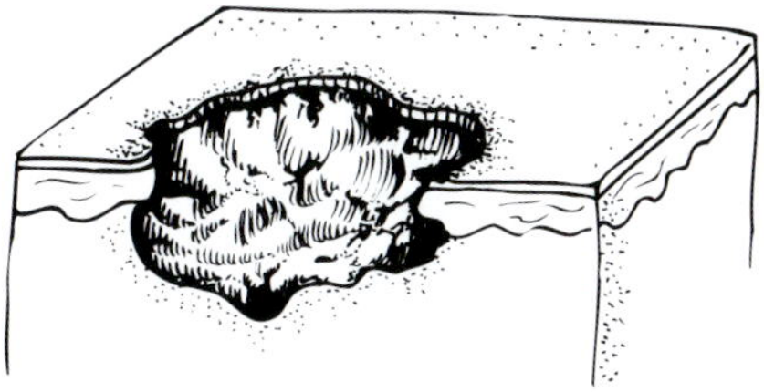

Abb. 1-13 A

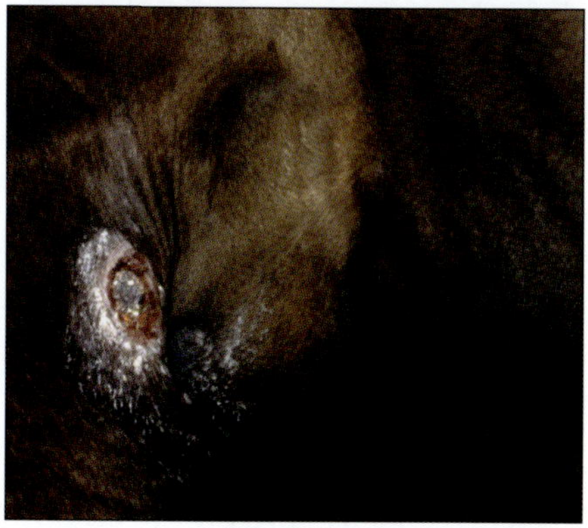

Abb. 1-12 B

Definition: Fokaler Verlust der Epidermis mit Freilegung der darunterliegenden Dermis. Klinisch in der Regel mit kapillärer Blutung einhergehend.
Pathogenese: Schweres Trauma und/oder tiefe und starke Entzündung, die dermo-epidermale Grenzzone betreffende genetische oder immunbedingte Erkrankungen wie Epidermolysis bullosa oder bullöses Pemphigoid.

Differentialdiagnosen: Verschiedene mit Selbsttrauma assoziierte Erkrankungen, wie Infekte und Allergien, außerdem immunvermittelte und genetische Hautkrankheiten.

Spezielle Untersuchungen in der Pferdedermatologie

Zytologie

Indikationen

Zytologie der Hautoberfläche ist oft ein hilfreiches Instrument in der Bewertung eines Pferdes mit Hauterkrankungen. Insbesondere juckende, schuppende, riechende Pferde sollten auf das Vorliegen einer bakteriellen oder pilzbedingten Infektion untersucht werden. Hautgeschabsel, Aspirationen, Abklatschpräparate und Klebeband-Präparate sind unterschiedliche Techniken, um zytologische Proben zu erhalten.

✓ Oberflächliche Geschabsel werden bei normaler, leicht feuchter oder fettiger Haut eingesetzt.

✓ Aspirationszytologie ist zur Evaluierung eines Pustelinhaltes und von intrakutanen und subkutanen Knoten wertvoll.

✓ Abklatschpräparate werden benutzt, wenn feuchte oder ölige Haut mit nässenden oder eiternden Läsionen zu untersuchen ist.

✓ Trockene, schuppige Haut kann durch Klebeband-Präparate beurteilt werden.

Technik

Hautgeschabsel für Zytologie

✓ Die Oberfläche der Epidermis der veränderten Haut wird mit einer Skalpellklinge vorsichtig in Haarwuchsrichtung abgeschabt. Die Haut sollte durch das Geschabsel nicht verletzt werden. Die geschabte Oberfläche sollte 2 x 2 cm betragen.

✓ Das gewonnene Material wird vom Skalpell wie „Butter auf ein Brot" auf einen Objektträger gestrichen. *(Abb. 14)*

☞ Im Gegensatz zu Hautgeschabseln auf Ektoparasiten wird bei Hautgeschabseln für Zytologie kein Paraffinöl verwendet.

Aspiration eines Knotens

✓ Die Aspiration eines Knotens oder Abszesses wird mit einer 12 ml Spritze und einer 22-Gauge (oder bei gut durchblutetem Gewebe mit einer 25-Gauge) Kanüle durchgeführt.

✓ Die Hautoberfläche wird mit Alkohol desinfiziert.

Abb. 1-14

Durch oberflächliches Hautgeschabsel gewonnenes Material wird wie „Butter auf ein Brot“ auf einen Objektträger aufgetragen.

✓ Der Knoten wird zwischen den Fingern fixiert, die Kanüle wird nun eingeführt, und es wird verschiedene Male aspiriert (wenn möglich bis zur 10 ml-Markierung).

✓ Der Druck wird abgelassen und die Spritze mit der noch befestigten Kanüle herausgezogen.

☞ Es ist wichtig, den Druck vor dem Herausziehen der Spritze abzulassen, da ansonsten das gewonnene Material wieder in die Spritze eingesogen und nicht mehr verwertet werden kann.

✓ Als Alternative kann die Kanüle ohne Spritze eingeführt, mehrere Male reorientiert und dann herausgezogen werden.

✓ Die Kanüle wird abgenommen, der Stempel zurückgezogen und die Kanüle wieder aufgesetzt.

✓ Die Zellen werden dann auf einen Objektträger aufgetragen und dieser luftgetrocknet.

Abb. 1-15

Abklatschpräparate erhält man durch vorsichtiges Pressen des Objektträgers auf die veränderte Haut.

Abklatschpräparate

✓ Bei Pferden mit feuchter, eitriger oder fettiger Haut kann der Objektträger direkt auf die veränderte Haut gedrückt werden. *(Abb. 15)*

Klebeband-Präparate

✓ Bei der direkten Abklatsch-Methode wird klares Klebeband (Tesafilm) benutzt, um Material von der Oberfläche der Haut zu gewinnen. Obwohl schnell durchführbar, braucht man einige Erfahrung, um die mit dieser Methode gewonnenen Erkenntnisse zu interpretieren.

✓ Das Klebeband wird mit der haftenden Seite nach unten auf die Haut gepresst *(Abb. 16)*

✓ Dann wird es (wieder mit der haftenden Seite nach unten) auf den zuvor auf einen Objetträger aufgetragenen Tropfen Methylenblau oder der blauen Färbelösung von „Diff Quick" (oder Hemacolor) gedrückt. *(Abb. 17)*

✓ Der Klebestreifen ist gleichzeitig Deckplättchen: das Präparat kann so auch mit Öl-Immersion betrachtet werden, indem ein kleiner Tropfen Öl auf den Klebestreifen aufgetragen wird.

✓ Diese Technik ist besonders zur Evaluierung von Malassezien wertvoll. Weiterhin können interessante Informationen über Entzündungszellen wie z.B. neutrophile Granulozyten (die als Antwort auf einen Entzündungsprozeß auf die Epidermis gelangt sind), kernhaltige Epithelialzellen (die nicht normal sind und eine Keratinisierungsstörung anzeigen können),

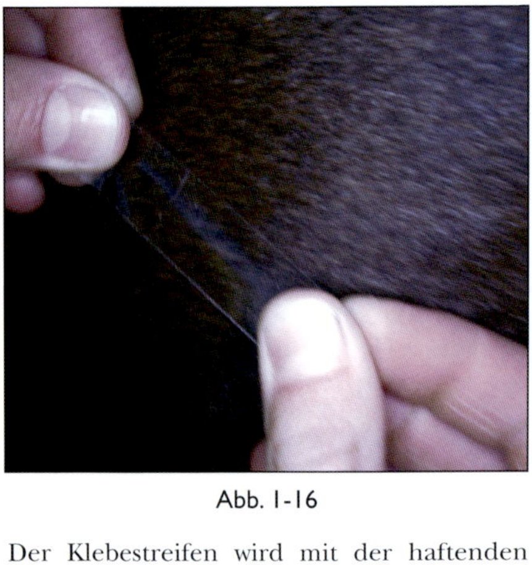

Abb. 1-16

Der Klebestreifen wird mit der haftenden Seite auf die veränderte Haut gedrückt.

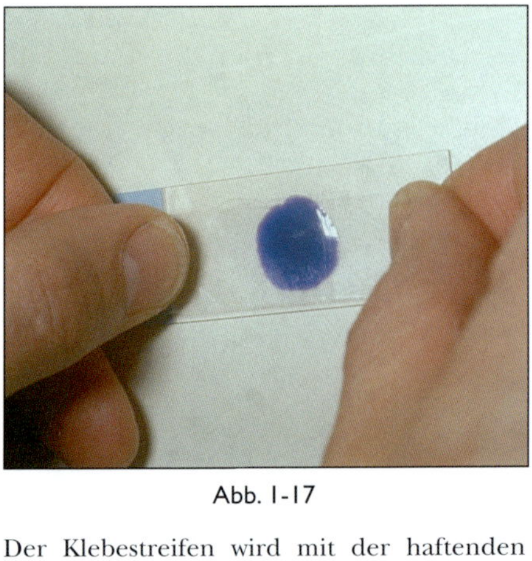

Abb. 1-17

Der Klebestreifen wird mit der haftenden Seite nach unten auf den zuvor auf einen Objektträger aufgetragenen Tropfen Methylenblau oder der blauen Färbelösung von „Diff Quick" (oder Hemacolor) gedrückt.

Kokken, Stäbchen, Makrophagen, kurze Demodex-Milben oder Cheyletiellen gewonnen werden. *(Abbildungen 18 und 19: neutrophile Granulozyten, Kokken)*

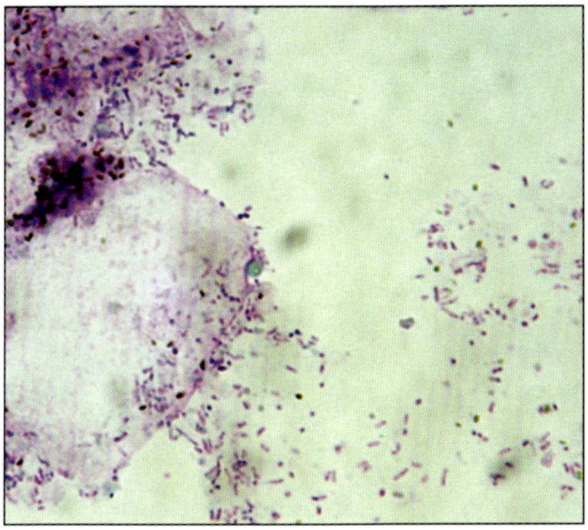

Abb. 1-18

Keratinozyten, Bakterien (rosa bis dunkelviolett) und Melanosomen (Schwarz) auf einem Zytologiepräparat eines Pferdes.

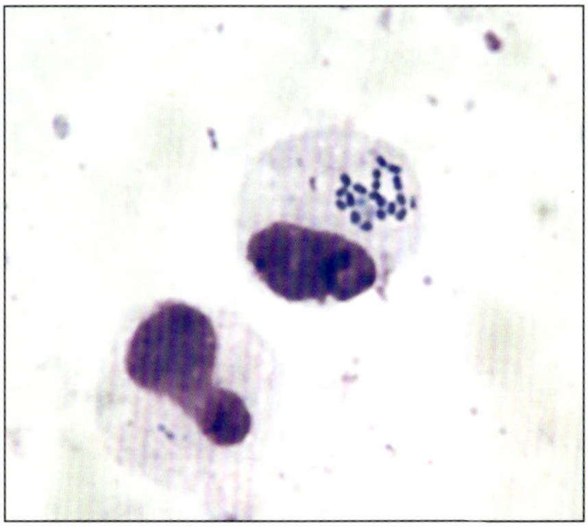

Abb. 1-19

Neutrophile Granulozyten mit intrazellulären Kokken.

Färbung

Eine modifizierter Wright-Färbung (z. B. Diff-Quick) kann zum Färben der luftgetrockneten Präparate verwendet werden. Dies ist sehr viel schneller und leichter als eine Gram-Färbung und erlaubt die Bewertung fast aller zytologischer Proben der Haut. Die Gram-Färbung ist jedoch auch geeignet.

Interpretation

Die Interpretation der durch diese Techniken gewonnenen Proben erfordert praktische Übung, um normale Befunde von klinisch relevanten Veränderungen zu unterscheiden. Wenn Sie bisher keine grosse Erfahrung sammeln konnten, empfiehlt es sich vielleicht, bei den nächsten Patienten immer zwei Proben zu nehmen. Eine Probe wird an einen klinischen Pathologen eingeschickt, die andere wird nach Erhalt des Befunds noch einmal untersucht, um daraus zu lernen (Quasi ein Fernkurs in klinischer Pathologie).

✓ Hefeorganismen kommen beim Pferd selten vor, können aber gelegentlich schweren Juckreiz verursachen.

✓ Kokken sind meistens *Staphylococcus* spp. Bei einigen Patienten werden auch Corynebakterien nachgewiesen.

💣 Die Anzahl der Mikroorganismen ist wichtig. Wenige Kokken oder Hefen sind wahrscheinlich nicht von Bedeutung. Eine exogene bakterielle Kontamination sollte nicht mit einer Infektion verwechselt werden.

✓ Entzündungszellen mit intrazellulären Mikroorganismen sind pathognomonisch für eine klinisch relevante Infektion.

✓ Eosinophile Granulozyten geben Hinweise auf allergische oder parasitäre Hautkrankheiten.

💣 Neoplastische Zellen können schwierig zu identifizieren sein, sodass in der Regel die Hilfe eines Pathologen benötigt wird. Auch bei einem hohen fachlichen Niveau sollten neoplastische Hauterkrankungen nicht ausschließlich zytologisch diagnostiziert werden (eine Ausnahme sind Mastzelltumoren); eine Biopsie sollte immer zur Bestätigung eines klinisch und zytologisch gewonnenen Verdachts herangezogen werden.

✓ Akantholytische Zellen sind Keratinozyten, die ihre interzelluläre Verbindung (Desmosomen) verloren haben und zytologisch als runde Zellen mit rosa bis violet gefärbten Zytoplasma und einem zentralen dunkelviolet angefärbten Kern erscheinen. Diese Zellen geben Hinweise auf das evt. Vorliegen eines Pemphigus foliaceus oder erythematosus. Die Biopsie ist zur Bestätigung der Verdachtsdiagnose nötig.

🔑 Infekte mit Bakterien oder Hefen sind in der Regel sekundär, Primärerkrankungen müssen identifiziert und therapiert werden, um das Pferd erfolgreich zu behandeln.

🔑 Zytologische Wiederholungsuntersuchungen am Ende der antimikrobiellen Therapie sind essentiell zur Bewertung des Therapieerfolgs.

Dermatophilosis preparation

✓ Krusten weren sorgfältig entfernt und in Kochsalzlösung auf einen Objektträger verbracht.

✓ Das Material wird zerdrückt und der Objektträger luftgetrocknet.

✓ Das Präparat wird hitzefixiert, bis es dem Handrücken ein bisschen zu warm ist.

✓ Typischerweise zeigen *Dermatophilus* Erreger eine"schienenähnliche" Anordnung *(Abb. 20 und 21: Dermatophilus Zytologie)*. Allerdings wird diese klassische Anordnung nicht immer gesehen. Verklumpte Kokken sollten immer eine weitere Untersuchung nach sich ziehen.

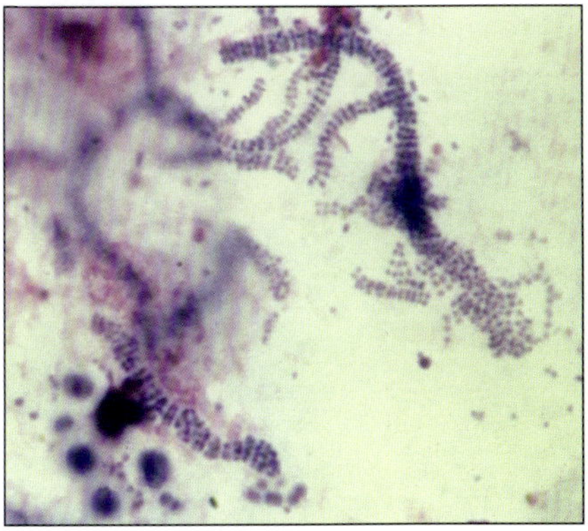

Abb. 1-20

Dermatophilus – Organismen (Diffquick, x1000, (mit freundl. Genehmigung von Dr. Rod Rosychuk)

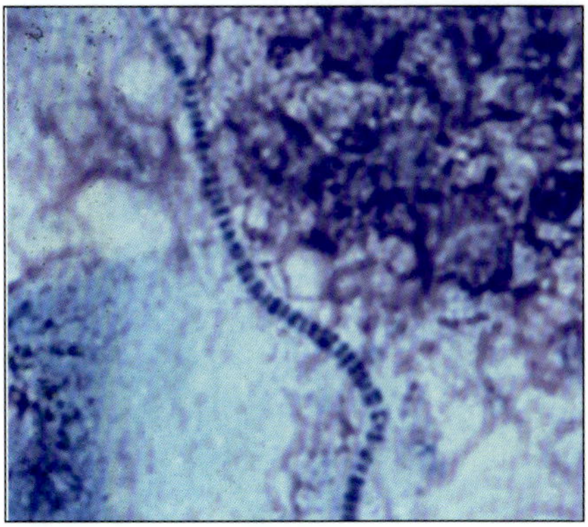

Abb. 21

Dermatophilus congolensis, beachten Sie bitte die schienenartige Anordnung der Bakterien (DiffQuick, x 1000, (mit freundl. Genehmigung von Dr. Rod Rosychuk)

Oberflächliche Hautgeschabsel

Indikationen

Bei jedem Pferd mit Juckreiz, Schuppen oder Krusten sollte Ektoparasitenbefall in Betracht gezogen werden. Hautgeschabsel für *Psoroptes* spp., *Chorioptes* spp., *Scabies scabiei, Dermanyssus gallinae* oder Läuse sollten deshalb bei solchen Patienten immer durchgeführt werden.

Technik

✓ Wenn ein Verdacht auf *Chorioptes equi* besteht, sind die günstigsten Bereiche für Geschabsel die Fesseln und die Palmaraspekte der Hauptmittelfussknochen. Für *Psoroptes* spp. sollten Ohrenschmalzproben (*P. hippotis*) oder Hautgeschabsel (*P. equi*) bewertet werden.

✓ Die Stellen werden zuvor vorsichtig geschoren. Milben können in manchen Fällen schwierig nachzuweisen sein, daher ist die Chance, ein positives Geschabsel zu bekommen höher, je größer die untersuchte Oberfläche ist.

✓ Einige Tropfen Paraffinöl werden direkt auf die geschorenen Hautbezirke aufgetragen und auf ihnen verteilt. *(Abb. 22).*

✓ Das Öl wird von der Haut mit einer Skalpellklinge (N° 11) abgeschabt *(Abb. 23)* und das Material auf einen oder mehrere Objektträger aufgetragen *(Abb. 24).* Zusätzliches Öl kann auf den Objektträger aufgetragen werden, um eine gleichmäßige Mischung der Probe zu erlauben.

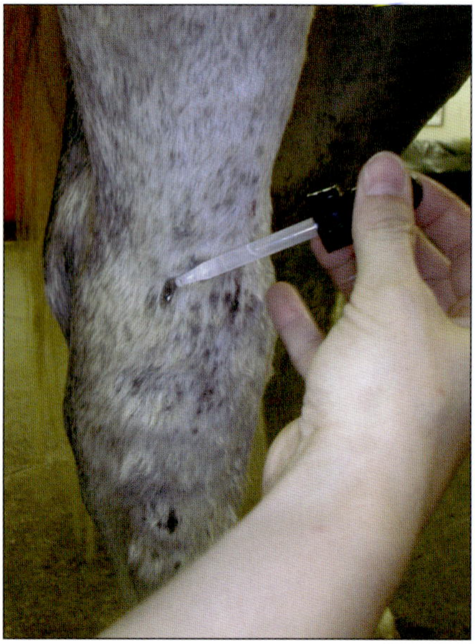

Abb. 22

Paraffinöl wird auf die betroffene Haut aufgetragen.

✓ Ein Deckgläschen erlaubt die schnelle und gründliche Evaluierung des gewonnenen Materials und die Präparate werden bei kleiner Vergrößerung (x40 oder x100) systematisch von der oberen linken Ecke zur unteren rechten Ecke untersucht.

☞ Bei der Untersuchung von Hautgeschabseln auf Ektoparasiten sollt der Kondensor des Mikroskops gesenkt werden, der erhöhte Kontrast erleichtert die Identifizierung der Ektoparasiten.

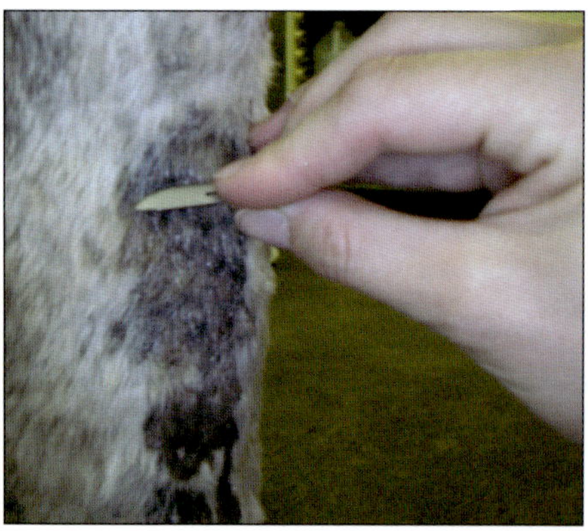

Abb. 23

Eine Skalpellklinge dient zum Abschaben des aufgetragenen Öls von der veränderten und geschorenen Haut.

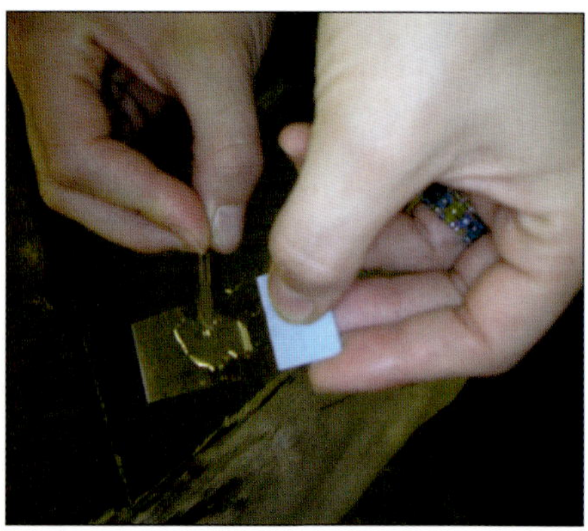

Abb. 24

Das Öl und gewonnene Material wird auf einen Objektträger aufgetragen.

Interpretation:

Ein positiver Befund von einer Milbe oder einem Ei von *Sarcoptes, Psorioptes,* oder *Chorioptes* spp., *Trombicula autumnalis, Dermanyssus gallinae* oder Läusen wie *Damalinia equi* oder *Haematobinus asini* (Abbildungen 25 und 26). ist diagnostisch, der Ektoparasit ist in der Regel die Ursache der Hauterkrankung. Negative Geschabsel schließen die Präsenz von Milben und damit verbundener klinischer Erkrankung nicht aus. Als nächster Schritt wäre an eine Versuchsbehandlung zu denken.

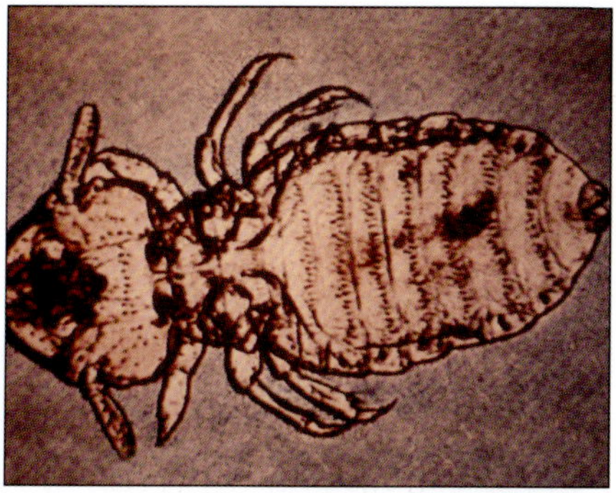

Abb. 25

Eine der saugenden Läuse, *Damalinia equi* (Courtesy of Dr. John Cheney)

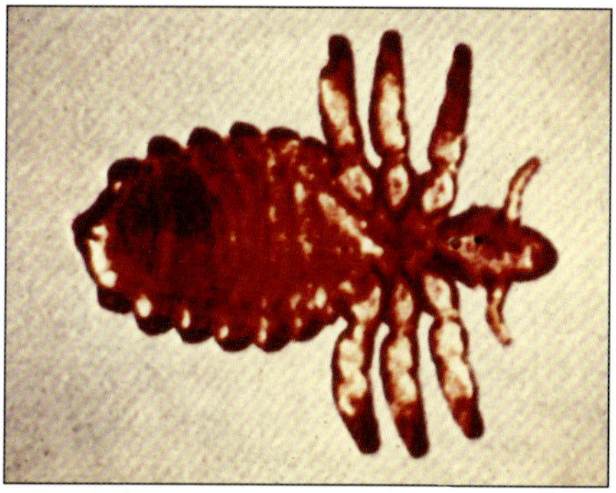

Abb. 26

Eine beissende Pferdelaus, *Hematobinus asini* (Courtesy of Dr. John Cheney)

Tiefe Hautgeschabsel

Indikation

Demodikose ist eine seltene Hauterkrankung des Pferdes, die in der Regel als Sekundärproblem bei systemischen Erkankungen auftritt. Allerdings sollte bei jedem Pferd mit Haarverlust und/oder Papeln ein tiefes Hautgeschabsel auf die Anwesenheit von *D. caballi* (Gesicht) or *D. equi* (Rumpf) durchgeführt werden.

Technik

✓ Da *Demodex caballi/equi*-Milben tief in den Haarfollikeln leben, ist es sinnvoll, die Haut vor dem Schaben so gut wie möglich zu quetschen, um die Milben aus den Follikeln herauszudrücken.

✓ Eine mit Paraffinöl angefeuchtete Skalpellklinge wird in Haarwuchsrichtung gehalten und auf diese Weise bis zur kapillären Blutung geschabt.

✓ Das Auffinden von mehr als einer Milbe ist diagnostisch. Wenn nur eine Milbe gefunden wird, ist die Wiederholung der Hautgeschabsel angezeigt.

☞ Bei der Untersuchung von Hautgeschabseln auf Ektoparasiten sollt der Kondensor des Mikroskops gesenkt werden, der erhöhte Kontrast erleichtert die Identifizierung der Ektoparasiten.

Interpretation

✓ Es ist wichtig, die relative Anzahl von Adulten (sowohl lebende als auch tote), Larven/Nymphen und Eiern pro Gesichtsfeld zu ermitteln und die Stelle des Hautgeschabsels zu dokumentieren. Die Demodikose des Pferdes ist üblicherweise auf systemische Primärerkrankungen zurückzuführen. Die Diagnose einer solchen Primärerkrankung und deren Behandlung sind wichtiger als die Behandlung der Demodikose.

Pilzkultur

Indikation

Eine Pilzkultur ist bei jedem Pferd mit Verdacht auf eine Dermatophytose und somit bei jedem Patienten mit Alopezie, Papeln, Pusteln und und/oder Krusten indiziert.

Technik

✓ Haare und Schuppen sollten vom Randbereich einer Läsion entnommen werden *(Abb. 27)*.

✓ Sabouraud-Agar ist das am häufigsten verwendete Medium für Pilzkulturen. In der Praxis wird in der Regel der „Dermatophyten Test Medium" (DTM) benutzt *(Abb. 28)*. Der DTM ist ein Sabouraud-Agar mit einem Farbindikator und Substanzen, die das Wachstum von Saprophyten und Bakte-

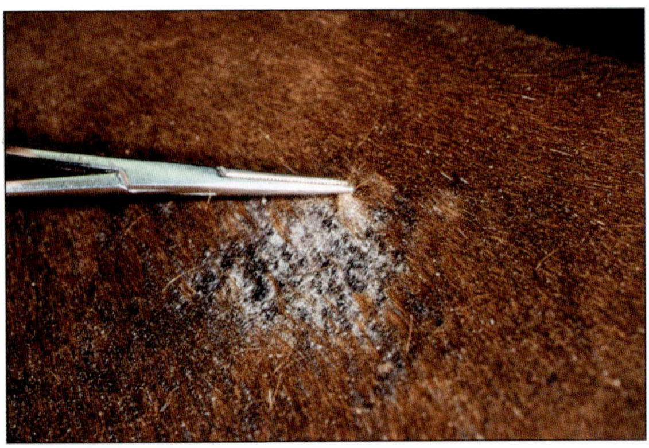

Abb. 27

Haare und Schuppen vom Randbereich der Läsion werden für die Pilzkultur entnommen.

rien hemmen. Niacin (oder besser verfügbar ein paar Tropfen einer Vitamin B Komplex Lösung) sollten der Kultur für optimale Wachstumsbedingungen von *Trichophyton equinum* var. *equinum* beigefügt werden, werden aber für *T. equinum* var. *autotrophicum* nicht benötigt.

✓ Nach der Inokulation sollten die Platten zwischen 25° und 30° C und 30% Feuchtigkeit inkubiert oder an einem warmen dunklen Ort aufbewahrt werden. Der Deckel der Platten darf nicht fest zugeschraubt sein.

✓ Die Kulturen sollten 2-3 Wochen aufbewahrt und täglich beurteilt werden.

Abb. 28

Eine Dermatophyten Test Medium Kultur.

Interpretation

Eine Veränderung des pH-Wertes (und der darauffolgende Farbumschlag), der bei einem Kolonienwachstum eintritt, ist ein Indikator für Dermatophytose *(Abb. 29, 30, 31)*. Die Pilze benutzen Proteine und produzieren alkalische Metaboliten, die für die pH- und Farbänderung verantwortlich sind. Es ist unbedingt erforderlich, dass der Farbumschlag gleichzeitig mit dem Wachstum der Kolonie zu beobachten ist. Farbveränderungen treten auch im Zusammenhang mit dem Wachstum reifer Saprophyten-Kolonien auf. Saprophyten benötigen zunächst Kohlenhydrate. Wenn diese verbraucht sind und die Kolonie schon gewachsen ist, werden Proteine benutzt und der Nährboden wechselt mit den alkalischen Metaboliten rasch Farbe und pH. Es ist schwierig, makroskopisch eine reife Kolonie mit deutlicher roter Pigmentierung des umgebenden Nährbodens als pathogenen oder saprophytären Pilz zu differenzieren. Daher ist eine tägliche Bewertung des Kulturbodens angezeigt.

Abb. 29

Eine positive Kultur führt in einem frühen Wachstumsstadium zu einer Farbveränderung des DTM.

Abb. 30

Eine große Saprophyten-Kultur vor dem Farbumschlag. …

Abb. 31

… und dann der plötzliche Farbumschlag der Saprophyten-Kolonie der Abb. 30 einen Tag später.

✓ Die Kolonie sollte immer mikroskopisch untersucht werden. Ein klarer Klebestreifen wird mit der Unterseite vorsichtig auf die Kolonie gedrückt, dann auf einen Tropfen Methylenblau oder die blaue Lösung von Diff-Quick gelegt (wieder mit der haftenden Seite nach unten), auf einen Objektträger gebracht und mikroskopisch untersucht. Die Oberfläche des Klebestreifens ersetzt das Deckgläschen. Bei Bedarf kann Immersionsöl direkt auf das Klebeband aufgetragen werden. Wenn eine Speziesbestimmung der Kultur nicht möglich ist, dann sollte die Kultur zu diesem Zweck an ein Labor eingeschickt werden. Die Speziesbestimmung erlaubt oft Hinweise hinsichtlich der Herkunft des Erregers und des zoonotischen Potentials.

✓ *T. equinum* wächst als flache Kolonnie mit weisser bis beiger, pulveriger Oberfläche. Auf der Kolonnieunterseite kann ein tiefgelber bis gelblich brauner Farbton gesehen werden *(Abb. 32 und 33)*. Gestielte Mikrokonidia werden bei mikroskopischer Bewertung gesehen, Makrokonidien sind seltener *(Abb. 34)*.

✓ *T. verrucosum* zeigt makroskopische Eigenschaften, die denen von *T. equinum* ähnlich sind, aber die Unterseite des Kulturboden ist typischerweise braungelb. Weitere Unterscheidungsmerkmale sind mit den Hyphen in Verbindung stehende, einzelne oder in Traubenform geklumpte Mikrokonidien und die weniger häufigen, zigarrenförmigen Makrokonidien.

✓ *Microsporum canis* wächst als weiße, wattige Kolonie mit einem gelblichem Pigment auf der Unterseite des Nährbodens (dies kann bei einem DTM schwer zu beobachten sein). Mikroskopisch sind zahlreiche spindelförmige Makrokonidien mit knopfartigen Abrundungen an den Enden und typischerweise mehr als 6 Zellen zu sehen *(Abb. 35)*.

✓ *M. canis* ist ein zoophiler Pilz, der durch Tiere oder Menschen übertragen wird. Menschen oder andere Tiere können sich anstecken und erkranken oder auch asymptomatische Träger sein. Sie müssen sorgfältig untersucht und möglicherweise auch behandelt werden.

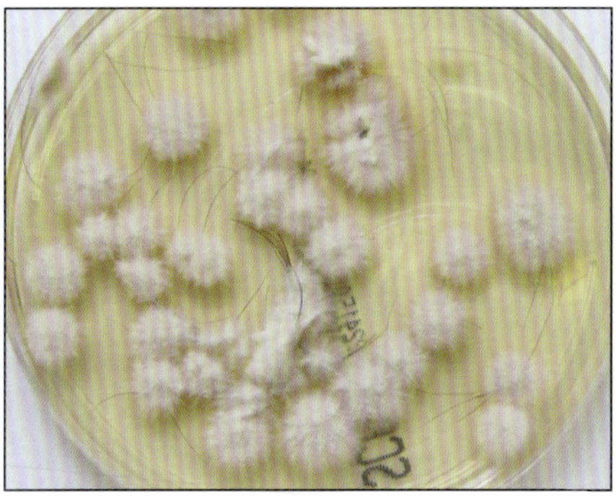

Abb. 32

Die Oberfläche einer *Trichophyton equinum* Kultur (Mit freundlicher Genehmigung von Dr. Gerhard Lösenbeck).

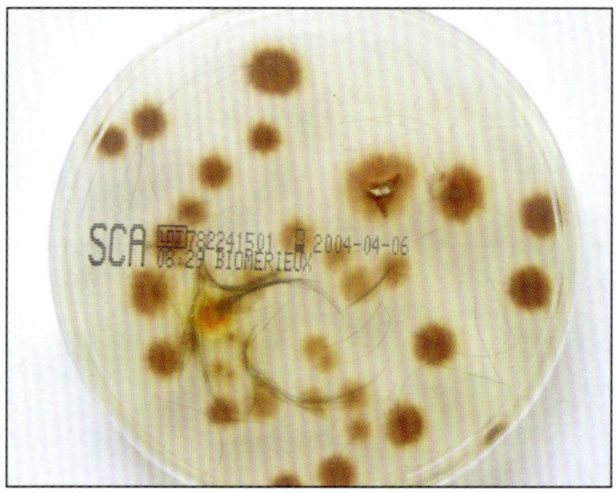

Abb. 33

Die Rüchfläche einer *Trichophyton equinum* Kultur (Mit freundlicher Genehmigung von Dr. Gerhard Lösenbeck).

Abb. 34

Trichophyton equinum mit zahlreichen Mikrokonidien und seltenen Makrokonidien (Mit freundlicher Genehmigung von Dr. Gerhard Lösenbeck).

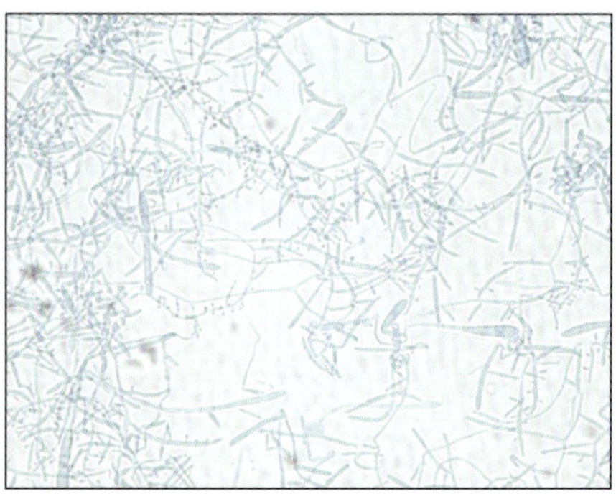

✓ *M. gypseum* wächst als eine granuläre, beigefarbene Kultur (gelblich auf der Unterseite) und hat dünnwandige, stachelige Makrokonidien mit weniger als 6 Zellen. *M. gypseum* ist ein geophiler Pilz, der durch Kontakt mit Erdreich eine Infektion auslösen kann und daher ein eingeschränktes zoonotisches Potential besitzt.

✓ *Trichophyton mentagrophytes* wächst als Kolonie mit unterschiedlicher Struktur und Farbe und hat einige zigarrenförmige Makrokonidien und kugelige Mikrokonidien. Die typischen Wirte für *T. mentagrophytes* sind Nager und Menschen; Infekte entstehen in der Regel durch Kontakt mit diesen Wirten oder deren näheren Umgebung.

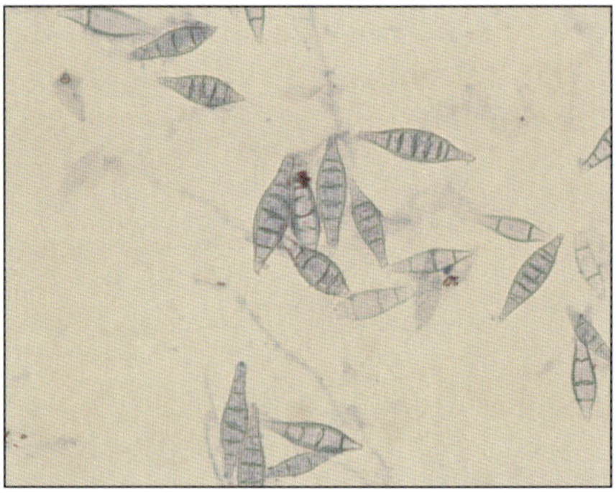

Abb. 35

Microsporum canis mit zahlreichen Makrokonidia (Mit freundlicher Genehmigung von Dr. Gerhard Lösenbeck).

Trichogramm

Indikation

Die Durchführung eines Trichogramms ist bei jedem Tier mit Alopezie und beim Verdacht auf eine Dermatophytose mit Papel-, Pustel- oder Krustenbildung indiziert.

Technik

✓ Zum Herausziehen von Haaren aus den veränderten Bezirken wird eine Klemme benutzt.

✓ Die Haare werden dann auf einen Objektträger gelegt und mit kleiner Vergrößerung untersucht. Ich benutze in der Regel Paraffinöl und ein Deckgläschen, um den schnellen Verlust der Haare zu vermeiden.

Interpretation:

Ein Trichogramm wird aus verschiedenen Gründen angelegt:

✓ Um festzustellen, ob ein Pferd durch Reiben oder Beissen einen Haarverlust herbeiführt oder das Haar aus anderen Gründen ausfällt. Wenn das Tier Juckreiz hat und der Haarverlust auf Grund Reiben oder Beissen entsteht, kommt es zum Abbrechen der Haarspitzen. Auch kann jedes Trauma am Haarschaft, wie es z.B. bei Dermatophytosen oder anagenem Effluvium vorkommt, zum Abbrechen der Haarspitzen führen. Wenn das Haar aus anderen Gründen ausfällt, laufen die Haarenden spitz zu.

✓ Pilzsporen oder Hyphen können manchmal an den Haarschäften identifiziert werden. Allerdings schliesst ein negatives Trichogramm Dermatophytose nicht aus.

Biopsie

Indikation

✓ Jede Hautveränderung, die dem Kliniker **ungewöhnlich** erscheint, sollte biopsiert werden.

✓ Eine Biopsie sollte auch dann in Erwägung gezogen werden, wenn die Hautläsionen unter der üblicherweise wirksamen Therapie **nicht** abheilen.

✓ **Knoten** sind evt. neoplastischer Herkunft und sollten biopsiert werden. Wenn allerdings ein knotiges Sarkoid vermutet wird, sollten die Vor- und Nachteile einer Biopsie erwogen werden (siehe weiter unten).

✓ Das Vorliegen von Erkrankungen, die kostenintensiv therapiert werden müssen oder lebensbedrohlich sind, sollte histopathologisch bestätigt werden.

✓ Einer der häufigsten Gründe für die Entnahme einer Biopsie ist der Ausschluß anderer Erkrankungen („Ich denke, dass es eine Allergie ist, aber..."). In einer solchen Situation schließt ein Biopsie-Bericht wie „chronische hyperplastische Dermatitis mit mononukleärer und eosinophiler perivaskulärer Infiltration" zumindest gewöhnliche Infekterreger und ungewöhnliche Dermatosen aus. Die Interpretation einer den Verdacht erhärtenden histopathologischen Diagnose in Verbindung mit den klinischen Befunden kann genauso hilfreich wie eine definitive Diagnose sein.

✓ Statische Formen des Sarkoids beim Pferd reagieren auf Biopsieentnahme oft mit aggressivem Wachstum und die Notwendigkeit einer histologischen Diagnose muss sorgfältig gegen dieses Risiko abgewogen werden. Die Entscheidung wird von der Lokation der Hautveränderung, der Differentialdiagnose und der Diskussion mit dem Besitzer vor der Biopsie abhängen.

Technik

Wahl der Entnahmestelle

✓ Die Wahl der Entnahmestelle erfordert die sorgfältige Untersuchung des Pferdes für die Auswahl repräsentativer Proben, die Identifikation der Primär- und Sekundärläsionen und die Aufstellung einer Liste der Differentialdiagnosen vor der Biopsieentnahme.

☞ Generell raten wir zur Entnahme *mehrerer* Gewebeproben (Ausnahmen sind solitäre Knoten). Diese sollten Primärläsionen und einen repräsentativen Bereich von Veränderungen mit einbeziehen und vor allem vorsichtig entnommen und behandelt werden.

✓ *Depigmentierte* Läsionen sollten eher in einem Bereich aktiver Depigmentierung (graue Farbe) als im Finalstadium (weiße oder rötliche Farbe) biopsiert werden.

✓ Eine *Alopezie* sollte im Zentrum und im Randbereich biopsiert werden. Zusätzlich sollte auch eine Probe normaler, behaarter Haut entnommen werden. Eine Naht durch das subkutane Gewebe kann dazu benutzt werden, die normale Probe für den Pathologen zu markieren.

✓ Ulzera und Erosionen sollten nicht biopsiert werden. Man darf von einem Pathologen nicht erwarten, bei einem biopsierten Ulkus oder einem erodierten Bereich spezifischere Diagnosen als „Ulzera“ oder „verkrustete Erosion“ zu stellen.

Vorbereitung der Entnahmestelle

✓ Mit Ausnahme von Exzisionsbiopsien bei Knoten, sollte die Entnahmestelle nicht chirurgisch vorbereitet werden. Sogar die lokale Anwendung von Alkohol und dessen Antrocknen kann die Epidermis verändern. Die normale Keimbesiedlung der Entnahmestelle stellt ohne Desinfektion in der Regel kein Problem dar.

✓ Beim Vorliegen von Krusten sollten diese auf der Haut belassen werden. Wenn sie sich versehentlich lösen, kann man auch sie in Formalin legen und mit der Bitte um ihre Untersuchung versenden. Krusten können Mikroorganismen oder akantholytische Zellen enthalten, die für die Diagnosestellung hilfreich sein könnten.

Keil- und Stanz-Biopsie

In der Veterinärmedizin existieren zwei verschiedene Biopsie-Techniken-die Stanzbiopsie und die Keilbiopsie. Die letztere wird normalerweise bei der Entfernung solitärer Knoten eingesetzt. Weiterhin findet diese Technik Anwendung bei der Biopsie von Vesikeln (Bläschen sind in der Regel zu fragil, um eine Stanze unbeschadet zu überstehen), in Fällen von vermuteter

Pannikulitis (wo mit einer Stanze nicht die notwendige Tiefe erreicht wird) und wenn Randbereiche einer Läsion elliptisch (od. spindelförmig) entnommen werden (was dem Labor die korrekte Orientierung der Läsion ermöglicht, da elliptische Proben immer längs geschnitten werden).

✓ Die *Stanzbiopsie* ist rasch, relativ atraumatisch und wird normalerweise beim Verdacht auf infektiöse, entzündliche und endokrine Dermatosen durchgeführt. Einwegstanzen gibt es in verschiedenen Größen, beim Pferd sollten 8mm Stanzen verwendet werden. Sie können kalt sterilisiert und wiederverwendet werden.

✓ Das Haar über der Läsion wird vorsichtig geschoren und entfernt. Beim Vorhandensein von Krusten sollte eine Schere benutzt werden. Die Entnahmestelle wird mit einem wasserfesten Stift gekennzeichnet *(Abb. 36)*.

Abb. 36

Die Entnahmestelle wird vorsichtig geschoren und mit einem wasserfesten Stift markiert.

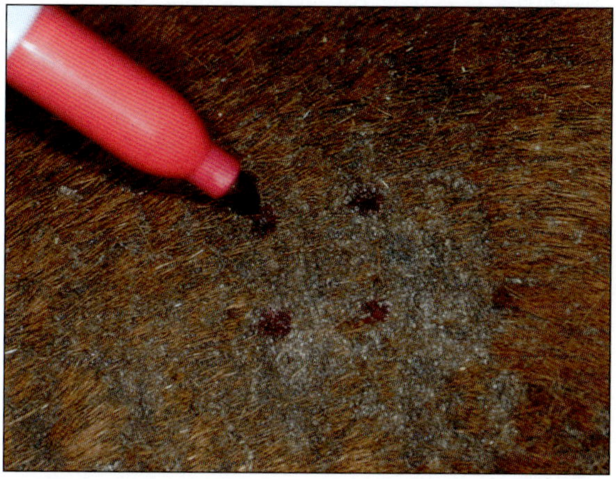

Je nach der Lokalisation der Biopsiestelle ist oft zusätzlich zur Lokalanästhesie eine Sedierung notwendig, insbesondere wenn das Pferd (oder der Besitzer) sehr nervös ist oder die Biopsien vom Gesicht, den Beinen oder dem ventralen Rumpf entnommen werden. Eine subkutane Injektion von 1-2 ml Xylocain (oder das weniger brennende Prilocain) ohne Beimischung von Adrenalin reicht zur Lokalanästhesie aus *(Abb. 37)*. Wenn bei der Verabreichung des Lokalanästhetikums die Nadel ausserhalb des zu biopsierenden Bereichs durch die Haut gestochen und das Anästhetikum subkutan unter der Entnahmestelle gespritzt wird, wird die Probe in der Regel nicht wesentlich verändert. Eine Ausnahme sind Erkrankungen des subkutanen Gewebes, in diesen Fällen sollte ein Ringblock in Betracht gezogen werden.

Das Lokalanästhetikum benötigt 3 bis 5 Minuten, um zu wirken!

✓ Beim Benutzen einer Stanze wird diese im rechten Winkel zur Hautoberfläche gehalten und vorsichtig auf die gewählte Stelle gedrückt. Der Druck wird verstärkt und die Stanze in eine Richtung gedreht, bis die ausreichende Tiefe erreicht ist, um die Dermis von dem darunterliegenden Gewebe zu trennen *(Abb. 38)*. Ein Hinweise auf die ausreichende Tiefe ist das plötzliche Bluten aus der Biopsiestelle. Die Stanze wird entfernt und das Blut vorsichtig abgetupft.

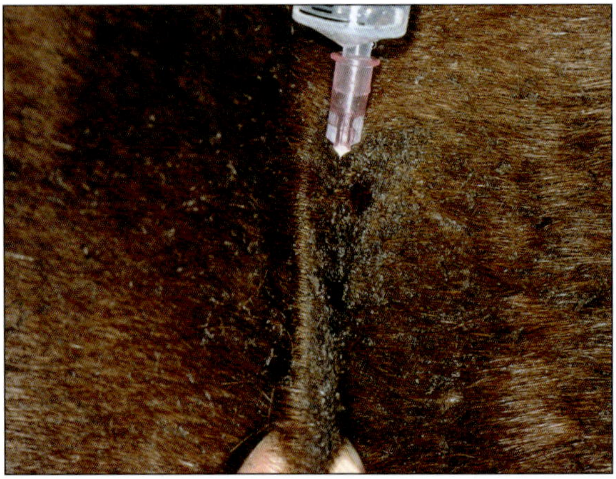

Abb. 37

Das Lokalanästhetikum wird subkutan injiziert.

✓ Die Probe wird an der Basis (Unterhaut) gehalten *(Abb. 39)* und vom subkutanen Gewebe getrennt. Unter keinen Umständen darf die Dermis oder die Epidermis mit der Pinzette gequetscht werden, da dies zu Artefakten führen kann. Gequetschtes Gewebe wird im besten Fall als Vernarbung interpretiert und macht die Probe im schlimmsten Fall unbrauchbar. Die Gewebeprobe wird vorsichtig auf einem Tupfer abgerollt, um Blut von der Oberfläche zu entfernen.

✓ Eine dünne Probe sollte mit der Unterseite auf ein starres Stück Karton oder einen Holzspatel gelegt werden. Dies verhindert ihr Aufrollen beim Einlegen in Formalin und ermöglicht so eine bessere Interpretation durch den Pathologen.

✓ Die Biopsie mit dem Karton wird mit der Gewebeseite nach unten in 10%-iges Formalin eingelegt. Das Formalinvolumen sollte mindestens 10 Mal höher als das Volumen der Probe sein. Knoten sollten in 1 cm große Stücke geschnitten werden, um eine adäquate Penetration des Formalins in das Zentrum des Gewebes zu ermöglichen.

Abb. 38

Die Stanze wird vertikal auf die Hautoberfläche gesetzt und nur in eine Richtung gedreht.

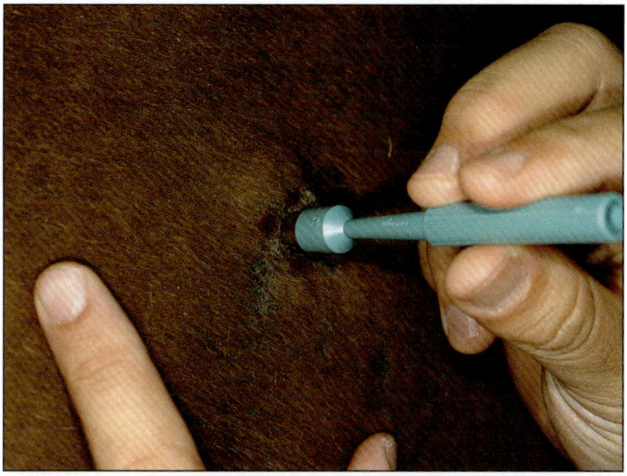

Abb. 39

Die Probe wird an ihrer Basis mit einer Pinzette gefasst und abgeschnitten.

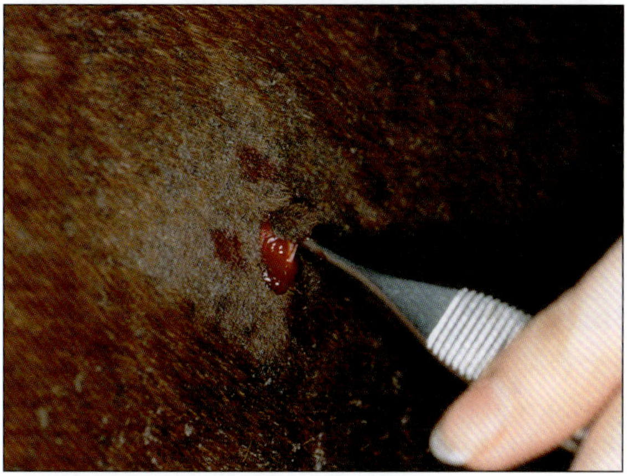

Versand von Gewebeproben

✓ Das sorgfältige Ausfüllen des Befundbogens für die dermatohistopathologische Untersuchung inklusive Anamnese und klinischer Untersuchung erhöht die Wahrscheinlichkeit, eine definitive Diagnose durch den Pathologen zu erhalten und ist genauso wichtig wie die sorgfältige Durchführung der Biopsie selbst.

🗝 Eine Liste von Differentialdiagnosen ist bei jedem klinischen Fall, besonders aber bei dermatologischen Patienten wichtig. Diese Liste ist für den Kliniker wichtig, um sicherzustellen, dass sie/er alle Faktoren berücksichtigt und vom Besitzer und durch die Untersuchung des Patienten soviel Informationen wie möglich erhalten hat, bevor die Biopsie entnommen wird. Differentialdiagnosen sind zudem außerordentlich wichtig für den Pathologen und ermöglichen ihm, seltenere Erkrankungen durch spezielle Färbungen auszuschließen oder zu bestätigen.

Serologischer Allergietest (Allergen-spezifisches IgE)

Indikation

Die Diagnose einer Atopie ist eine klinische Diagnose, die auf Anamnese, klinischen Symptomen und der Elimination aller Differentialdiagnosen durch spezifische Tests beruht. Wenn bei einem Pferd durch Anamnese, klinische Untersuchung und Ausschluß anderer Differentialdiagnosen die Diagnose Atopie gestellt werden konnte und der Besitzer entweder die Ursache der Erkrankung erfahren möchte und/oder an einer Allergen-spezifischen Immuntherapie interessiert ist, können am Krankheitsgeschehen beteiligte Allergene durch Intrakutantest oder Bestimmung von allergen-spezifischem Serum-IgE näher definiert werden. Allerdings zeigen auch viele normale Pferde positive Hauttestreaktionen oder hohe Konzentrationen von allergen-spezifischem IgE, daher ist keiner dieser Test zur Diagnose von Atopie geeignet. Es ist absolut essentiell, diese Erkrankung wie oben beschrieben vor der Durchführung dieser Tests zu diagnostizieren. Wenn allerdings die Diagnose gestellt wurde und die Testergebnisse im Rahmen einer sorgfältigen Anamnese interpretiert wurden, dann ist die Erfolgsquote der nachfolgenden allergen-spezifischen Immuntherapie so hoch wie die bei Mensch, Hund und Katze beschriebene.

Interpretation

✓ Verschiedene serologische Tests sind verfügbar. Die labortechnischen Verfahren wurden über die Jahre verbessert und der serologische Allergietest stellt für viele Praktiker eine gute Alternative zum Intrakutantest dar. Trotzdem unterscheiden sich die Testsysteme in Sensitivität und Spezifität, so dass eine sorgfältige Wahl des geeigneten Tests wichtig ist.

✓ Eine Einzelallergenabklärung ist sinnvoller als Gruppenallergene zu bestimmen, um die Immuntherapie mit überflüssigen Allergenen zu vermeiden. Die Bestimmung der für die Allergie verantwortlichen einzelnen Allergene aus einer Reaktionsgruppe ist unmöglich.

✓ Die Testergebnisse müssen mit Hinblick auf den klinischen Vorbericht interpretiert werden. Ein Pferd mit positiven Reaktionen auf ausschließlich Gräserpollen, das seit Jahren an nicht saisonalem, gleichmäßigem Juckreiz leidet und in einem gemäßigten Klima wie in Deutschland lebt, wird wahrscheinlich keinerlei Nutzen aus einer Allergen-spezifischen Immuntherapie ziehen.

✓ Der Intrakutantest wird im Allgemeinen in der Veterinärdermatologie immer noch als erste Wahl bei der Identifikation von Atopie-auslösenden Allergenen beim Pferd betrachtet. Serumtests sind erst in den letzten Jahren wissenschaftlich bewertet worden und unsere Erfahrungen mit diesen Tests sind immer noch begrenzt. Typischerweise werden im Intrakutantest mehr individuelle Allergene als im serologischen Test benutzt; Bei vielen Pferden ist die Haut das von der Erkrankung betroffene Endorgan und daher scheint es logisch, in der Haut zu testen. Weiterhin ist der Input eines in der Pferdemedizin bewanderten Veterinärdermatologen zu Testergebnissen und zum Management eines Patienten, der desensibiliert wird oder werden soll, sind für den überweisenden Allgemeinpraktiker ohne besondere Erfahrung in der Allergologie von großem Wert.

Diagnostische Therapien

Diagnostische Therapien sind in der Veterinärdermatologie relativ weit verbreitet. Sie werden durchgeführt, wenn eine bestimmte Erkrankung vermutet wird und der Therapieversuch der einzige oder beste Weg ist, um das zugrundeliegende Problem zu diagnostizieren. Ein Ansprechen auf die Behandlung bestätigt in einigen Fällen die Verdachtsdiagnose (z.B. die Verdachtsbehandlung auf verschiedene Ektoparasiten), in anderen Fällen ist ein Rückfall nach Unterbrechung der Therapie und eine wiederholte Besserung nach erneutem Beginn der Therapie diagnostisch (wie z.B. bei Eliminationsdiäten). Falls durch eine korrekt durchgeführte diagnostische Behandlung keine Besserung eintritt, ist die vermutete Krankheitsursache sehr unwahrscheinlich (dies hilft dem Kliniker, Besitzer und Patienten und muß vor einem durch Mißerfolg der Therapie frustrierten Tierbesitzer betont werden).

Eliminationsdiät

Indikation

Die Eliminationsdiät wird eingesetzt, um eine Futtermittelreaktion auf unterschiedlichste Futtermittel, die über einen gewissen Zeitraum gefüttert wurden, festzustellen. Als generelle Regel gilt, dass Futtermittelreaktionen bzw. -allergien relativ selten auftreten. Jedes Pferd mit nicht-saisonalem Juckreiz (besonders wenn das Gesicht, die Schwanzbasis oder die Perineal- oder Analgegend betroffen sind) oder rezidivierender Pyodermie könnte als auslösende Erkrankung eine Futtermittelreaktion haben.

Durchführung

Eine Eliminationsdiät für Pferde besteht aus einer Futterquelle, die bisher noch nicht gefüttert wurden! Dies bedeutet, dass die Eliminationsdiät für einen bestimmten Patienten auf der Basis der bisher verfütterten Futtermittel formuliert wird. Wenn dies auf Grund der bisherigen regelmäßigen Fütterung von zahlreichen verschiedenen Substanzen nicht möglich ist, sollte als Alternative die Eliminationsdiät zweimal durchgeführt werden. Zuerst wird für 3-4 Wochen ausschliesslich ein bestimmtes Heu gefüttert, wenn keine Besserung zu sehen ist, wird eine andere Futterquelle für weitere 3-4 Wochen gewählt.

✓ Das gewählte Heu muß ausschließlich gefüttert werden! Dies ist bei Pferden manchmal nur schwer durchsetzbar, da viele Pferde zahlreiche Futtermittel erhalten. Gleichzeitige Fütterung von Hafer, Gerste, anderen Kraftfutter- und Nahrungsergänzungspräparaten ist für die Dauer der Diät nicht erlaubt!

✓ Es kann 3-4 Wochen dauern, bevor die Diät die erste Wirkung zeigt.

🗝 Nach einer anfänglichen Verbesserung ist die Provokation mit dem zuvor gefütterten, normalen Futter essentiell, da verschiedenste Faktoren wie saisonale oder umweltbedingte Veränderungen oder gleichzeitig verabreichte Medikationen zu einer Verbesserung geführt haben könnten. Wenn nach 2 Wochen ein Rückfall eintritt und die klinischen Symptome erneut nach Verabreichung der Eliminationsdiät verschwinden, ist die Diagnose bestätigt.

Insekten-Verdachtsbehandlung

Indikation

Eine Insekten-Verdachtsbehandlung sollte bei jedem Pferd mit Verdacht auf Überempfindlichkeitsreaktionen gegen Insektenstiche durchgeführt werden. Culicoides-Mücken sind die häufigste Ursache von Überempfindlichkeitsreaktionen beim Pferd, aber Reaktionen auf andere Insektenstiche wie zum Beispiel Bremsen sind ebenfalls möglich. Bei jedem Pferd mit Juckreiz, Urtikaria und/oder einer durch Papeln oder Krusten gekennzeichneten Dermatitis sollte eine Insekten-Verdachtsbehandlung in Betracht gezogen werden.

Durchführung:

✓ Das Pferd sollte regelmäßig mit einem Insektizid behandelt werden. Bei einer Verdachtsbehandlung lasse ich die Präparate oft häufiger applizieren, als es die Hersteller empfehlen. Mückenschutzmittel wie Benzoylbenzoat oder Permethrin können nicht nur auf die Haut des Patienten, sondern gegebenenfalls auch auf Pferdedecken aufgebracht werden und zusätzlichen Schutz gewähren. Die Wahl des Produkts hängt von den individuellen Gegebenheiten ab. Nähere Einzelheiten werden auf S. 82 erläutert.

✓ Da *Culicoides* spp. in der Morgen- und Abenddämmerung am aktivsten sind, kann es wichtig sein, das Pferd während dieser Zeit aufzustallen. Die Stallfenster und Türen sollten (soweit offen) mit einem feinen Mückennetz ausgestattet sein.

☝ *Culicoides* spp. können durch die regulären Mückennetze kriechen, daher müssen Netze mit besonders kleinen Öffnungen verwendet werden.

✓ Die Verwendung von Pferdedecken kann sinnvoll sein (insbesondere bei dorsalen Läsionen).

✓ *Culicoides* spp. können nur schlecht gegen Luftströmung ankommen und daher können strategisch in die Stallgänge postierte Ventilatoren das Eindringen der Mücken in den Stall erschweren.

✓ Eine Standortänderung auf eine windige Weide, die von stehendem Gewässer weit entfernt ist, kann hilfreich sein.

✓ Zu Beginn der Verdachtsbehandlung verschreibe ich häufig 5 bis 7 Tage Prednisolon (0.5-1mg/kg KGW), um die klinische Besserung zu beschleunigen.

✓ Wenn ein gutes Ansprechen auf die Verdachtstherapie erfolgt, liegt eine Insekten-Überempfindlichkeit vor und die Behandlungen können auf das erforderliche Minimum reduziert werden.

✓ Zu beachten ist, dass sowohl die Anzahl der nötigen Behandlungen als auch die Höhe der Insektenpopulation saisonal variieren können.

✓ Eine deutliche Besserung sollte spätestens nach 3-4 Wochen auftreten, bei vielen Pferden wird schon nach einigen Tagen eine Wirkung gesehen.

Teil II

Der Zugang zu häufigen dermatologischen Problemen

In diesem Teil werde ich den Zugang zu verschiedenen, häufig vorkommenden Erkrankungen in der Pferdedermatologie besprechen. Ich beginne bei jedem Thema mit allgemeinen Informationen und vervollständige diese mit Tabellen, die die wesentlichsten Differentialdiagnosen, ihr klinisches Bild, den diagnostischen Weg, die Behandlung und die Prognose enthalten. Die beschriebenen Erkrankungen habe ich nach deren Prävalenz geordnet. Die mit einem Sternchen und farbigen Hintergrund markierten Erkrankungen sind potentiell schwer zu diagnostizieren oder erfordern beträchtliche Erfahrung im Management, um optimale Therapieresultate zu erzielen. In solchen Fällen kann dem Tierbesitzer auch eine Überweisung zu einem Pferde- oder Hautspezialisten angeboten werden.

Dies ist kein Lehrbuch für Veterinärdermatologie (daher enthalten die Tabellen nicht alle Details), sondern ein knapper Überblick, der sich auf die wichtigsten Themen konzentriert. Ähnlich komprimiert und vereinfacht sind die Flussdiagramme am Ende eines jeden Themas, um den Nutzen für den vielbeschäftigten Pferdepraktiker zu maximieren. Sie werden in den meisten Fällen hilfreich sein, aber man sollte sich bewusst machen, dass nicht alle Pferde den Textbüchern folgen. Auch wenn die Informationen Ihnen als kompetentem Tierarzt eine Hilfe bei der Diagnose und dem Erstellen eines Behandlungsplans sein werden, so bleiben doch der kritische klinische Scharfsinn, die Untersuchung des Pferdes und Ihre Kommunikationsfähigkeit die entscheidenden Faktoren für Ihren Erfolg in der Pferdepraxis.

Das Pferd mit Juckreiz

Kernfragen

Änderungen im Verhalten eines Pferdes wie Reiben bestimmter Körperstellen, Stampfen und Beissen der Haut sind klare Indizien für Juckreiz. Bei der Untersuchung werden oft Alopezie und Exkoriatonen gefunden, die die häufigsten klinischen Konsequenzen von Juckreiz sind.

Alle der in Teil 1 beschriebenen Fragen können bei einem Pferd mit Juckreiz relevant sein.

Viele Hauterkrankungen des Pferdes sind mit Juckreiz verbunden. Die häufigste Ursache von Juckreiz beim Pferd ist eine durch Ektoparasiten hervorgerufene Allergie. Allergien gegen Umweltantigene wie Pollen und Pilzsporen sowie (sehr selten) gegen Futtermittelantigene kommen ebenfalls vor. Schliesslich können Infekte mit Bakterien oder Pilzen oder immunbedingte Hauterkrankungen ebenfalls mit Juckreiz verbunden sein. Eine gründliche Aufarbeitung wird zur der symptomatischen Therapie überlegenen ursächlichen Diagnose, Prognose und Therapie führen. In Tabelle 1 sind die mit prominentem Juckreiz verbundenen Differentialdiagnosen aufgelistet.

Tabelle I
Differentialdiagnosen, häufig betroffene Körperstellen, empfohlene diagnostische Maßnahmen, Behandlungsmöglichkeiten und Prognose bei einem Pferd mit Juckreiz

Erkrankung	Körperstelle	Diagnostik	Therapie	Prognose
Überempfindlichkeit gegen Insektenstiche (eine der häufigsten Hauterkrankungen des Pferdes. *Culicoides* or *Simulium* spp. sind oft die Ursache.	Juckreiz, Papeln, Krusten entweder ventral oder am Kopf/-Schwanz/Mähne/dorsal (je nach Insekten-Spezies). Juckreiz am schlimmsten bei Sonnenauf- und -untergang, Selbsttraumatisierung führt zu Haarverlust und Exkoriatonen *(Abb. 40)*	Anamnese, Untersuchung, Insektenverdachtsbehandlung	Insektenrepellents, Aufstallung in mit Insektengittern ausgestatteten Ställen, Pferdedecken und Kopfmasken, Glukokortikoide. (S. 82)	Gut bis vorsichtig, hängt ab von der Schwere der Erkrankung, der Länge des Sommers und der Fähigkeit des Besitzers, Exponierung zu vermeiden.
Atopische Dermatitis (Überempfindlichkeit gegen Unweltallergene)	Urtikaria und/oder Juckreiz *(Abb. 41-43)*	Diagnose basiert auf Anamnese, Untersuchung, und Ausschliessen von Differentialdiagnosen. Intrakutantest oder Bestimmung von allergenspezifischem Serum-IgE identifizieren die am Krankheitsgeschehen beteiligten Allergene und erlauben Allergen-spezifische Immuntherapie	Allergen-spezifische Immunotherapie, Antihistaminika, essentielle Fettsäuren, Glukokortikoide (S. 78)	Schlecht für Heilung, gut bis vorsichtig für Langzeittherapie, je nach Pferd und Besitzer
Pedikulose (Lausbefall durch beissende *[Damalina equi]* oder saugende Läuse *[Haematopinus asini]*	Rücken, Nacken, Schwanz und Beine *(Abb. 44, 45 and 46: Lice)*	Mikroskopische Bewertung von Hautgeschabseln und/oder Trichogrammen	Fipronil oder Sprays mit Pyrethroiden, Ivermektin über den normalen Lebenszyklus der Läuse hinaus (also für mindestens 4-5 Wochen), Spülungen mit Organophosphaten. Alle mit dem Patienten in Kontakt stehenden Pferde müssen behandelt werden. (S. 82)	Gut
Medikamentenreaktion	Urtikaria, Papeln und/oder Juckreiz, beginnt oft an den mukokutanen Übergängen	Typischerweise eine Verdachtsdiagnose mit Besserung nach Ende der Medikamentengabe, eine Biopsie mag weitere Hinweise geben.	Vermeidung des in Verdacht stehenden Medikaments, Glukokortikoide mögen hilfreich sein.	Gut

Fortsetzung Tabelle 1

Erkrankung	Körperstelle	Diagnostik	Therapie	Prognose
Trombikulidiase (häufig, verursacht durch Larven der Herbstgrassmilben (*Trombicula alfreddugesi* oder *Neotrombicula autumnalis*), Milben leben nur in pflanzlichem Material.	Papeln, Quaddeln und Juckreiz an Kopf und Beinen, in gemäßigten Klimazonen saisonal im Herbst.	Mikroskopische Bewertung von Hautgeschabseln, visuelle Diagnose bei Entdeckung der orange-farbenen Larven (die nur eine kurze Zeit auf dem Wirt leben)	Prävention der Reinfestation, Insektizide und Glukokortikoide bei aktiver Infestation, um die Larven und die mit den Larven verbundene Entzündung zu behandeln	Gut, aber häufig rezidivierendes Problem.
Chorioptes equi (häufig, Beinmilbe)	Kommt im Winter häufiger vor, Schuppenbildung, Alopezie und Juckreiz der distalen Gliedmaßen und des Bauches (*Abb. 47: Chorioptes*)	Oberflächliche Hautgeschabsel (kann schwierig zu finden sein)	Ivermektin kann hilfreich sein, ist aber selten kurativ. Fipronil Spray, Spülungen mit Schwefelkalk oder Organophosphaten. Alle Kontakttiere müssen behandelt werden. (S. 82)	Gut
Psoroptes equi (Körpermilbe)	Seborrhoe und/oder Juckreiz mit Papeln, Alopezie, Krusten und Exkoriationen der Mähne, des Körpers und Schweifs	Oberflächliche Hautgeschabsel	Ivermektin, Pyrethrin, Pyrethroide, Spülungen mit Organophosphaten oder Schwefelkalk. Alle Kontakttiere müssen behandelt werden. (S. 82)	Gut
Psoroptes hippotis (Ohrmilbe)	Otitis externa und Kopfschütteln	Mikroskopische Bewertung von Ohrenschmalz	Ivermektin (S. 82)	Gut
Dermanyssus gallinae (durch in der Umgebung lebende Geflügelmilbe verursachte ungewöhnliche Erkrankung)	Papeln, Krusten und Juckreiz an den Beinen, im Gesicht und am Bauch von Pferden mit Kontakt zu Geflügel oder Geflügelställen.	Anamnese, mikroskopische Bewertung von Hautgeschabseln (ist oft negative, da Milbe in der Umgebung lebt und nur temporär (in der Regel nachts) parasitiert.	Insektizide, allerdings muss Reinfestation durch Behandlung der Umgebung und/oder Entfernung des Geflügels oder der Geflügelställe verhindert werden.	Gut
Onchozerkose (war vor Verwendung von Ivermektin eine sehr häufige Erkankung, verursacht durch Mikrofilarien von *Onchocerca cervicalis* und übertragen durch Insekten)	Alopezie, Schuppen- und Krustenbildung, Plaques, Erosionen und Geschwüre in der Mitte des ventralen Bauches, im Gesicht, am Nacken und auf den Schultern (*Abb. 48*)	Anamnese (mangelnde Entwurmung), Untersuchung, Biopsie, erfolgreiche Therapie	Fenbendazol, Mebendazol, Ivermektin gegen die Mikrofilarien, kurze Glukokortikoidtherapie gegen die mit der Zerstörung der Mikrofilarien verbundene Entzündung	Gut

Futtermittelreaktion (selten diagnostiziert, da adäquate Eliminationsdiäten bei Pferden selten durchgeführt werden)	Generalisierter oder perianaler Pruritus, Urtikaria *(Abb. 49)*	Eliminationsdiät	Glukokorticoide, Vermeidung des die Erkrankung verursachenden Allergens	Gut
Generalisierte granulomatöse Erkrankung oder Sarkoidose (Exfoliative Dermatitis und Schwindsucht mit systemischer granulomatöser Entzündung unbekannter Ursache)	Juckende und exsudative Koronitis und Dermatitis mit Alopezie und Hyperkeratose, Gewichtsverlust, Depression und Fieber *(Abb. 50)*	Erniedrigte Albumin- und hohe Fibrinogenspiegel, Biopsie	Glukokortikoide	Spontanremission, Remission mit Glukokortikoidtherapie und fatale, nicht auf Therapie ansprechende Fälle kommen vor

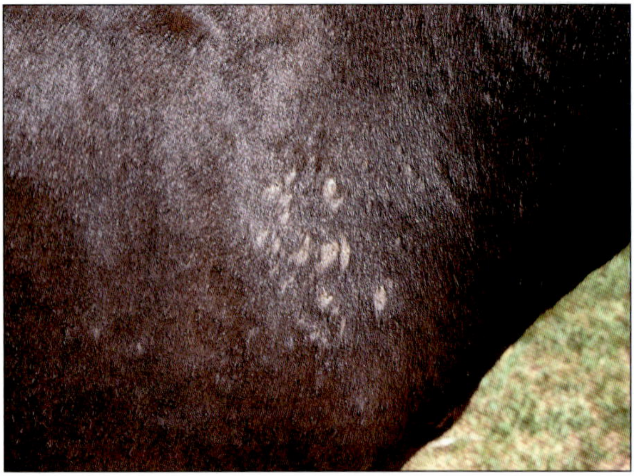

Abb. 40

Papeln und Krusten am Nacken einer 12-jährigen Maultierstute mit einer Überempfindlichkeit gegen Insektenstiche.

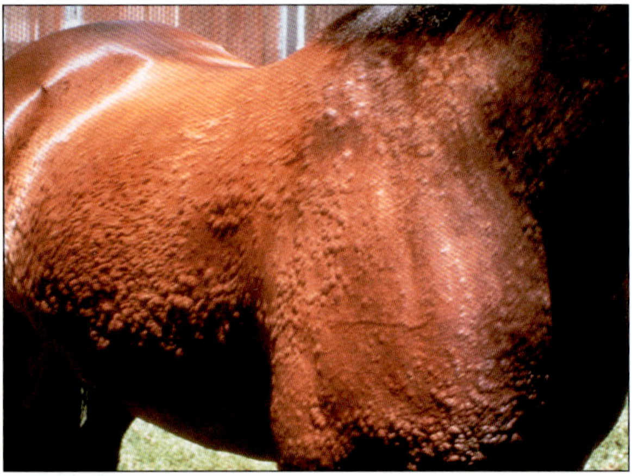

Abb. 41

Urtikaria auf dem Rumpf eines Pferdes.

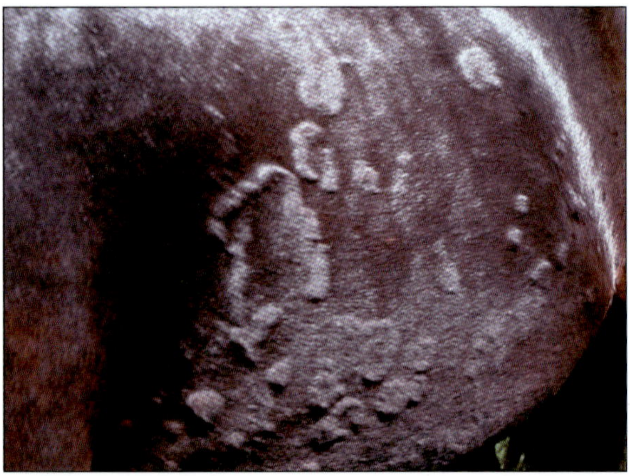

Abb. 42

Quaddeln am lateralen Brustkorb.

Abb. 43

Juckreiz und Beissen der distalen Gliedmaßen bei einer 11-jährigen Stute.

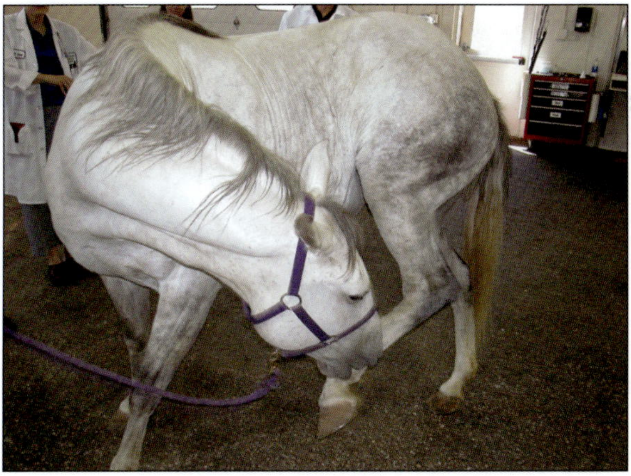

Abb. 44

Multifokale Alopezie auf Grund von Selbsttraumatisierung bei einem Pferd mit Lausbefall (mit freundl. Genehmigung von Dr. John Cheney).

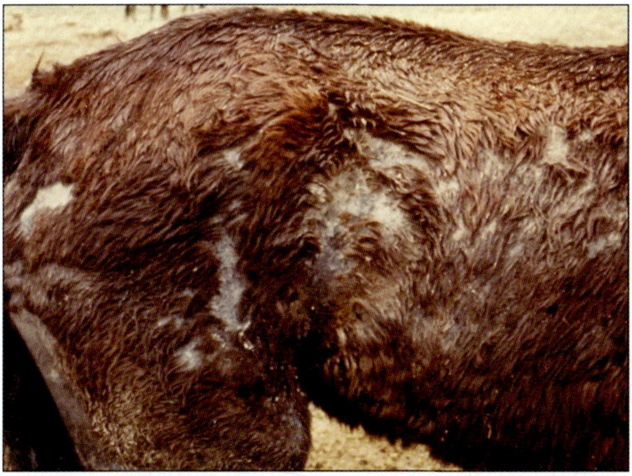

Abb. 45

Nahaufnahme eines mit Läusen befallenen Pferdes mit wahrnehmbaren zahlreichen Nissen (mit freundl. Genehmigung von Dr. John Cheney).

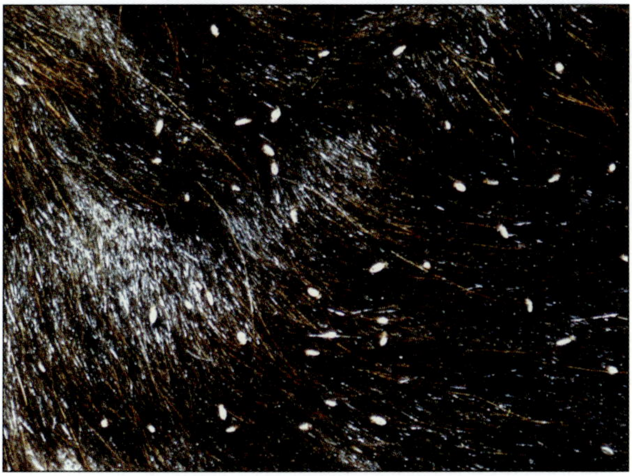

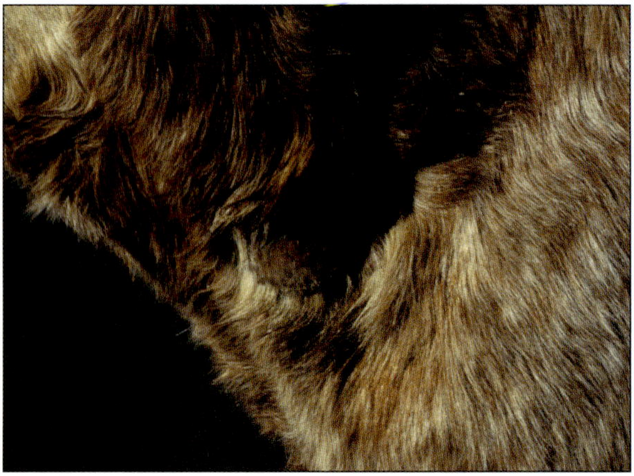

Abb. 46

Exkoriationen und fokale Alopezie auf Grund von Lausinfestation (mit freundl. Genehmigung von Dr. Josie Traub-Dargatz).

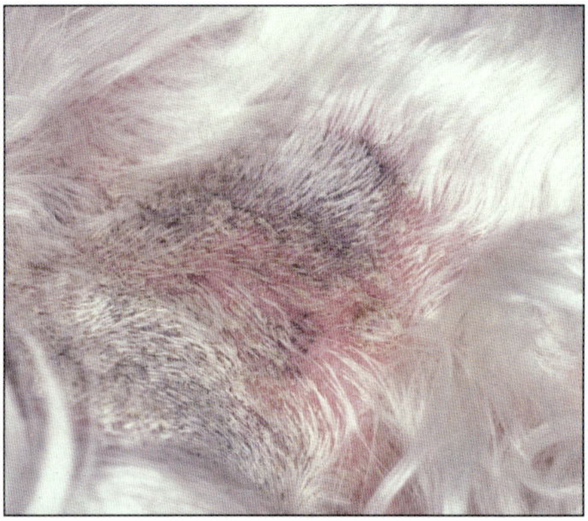

Abb. 47

Hautrötung und Alopezie auf Grund von *Chorioptes equi* bei einer Percheronstute (mit freundl. Genehmigung von Dr. Rod Rosychuk).

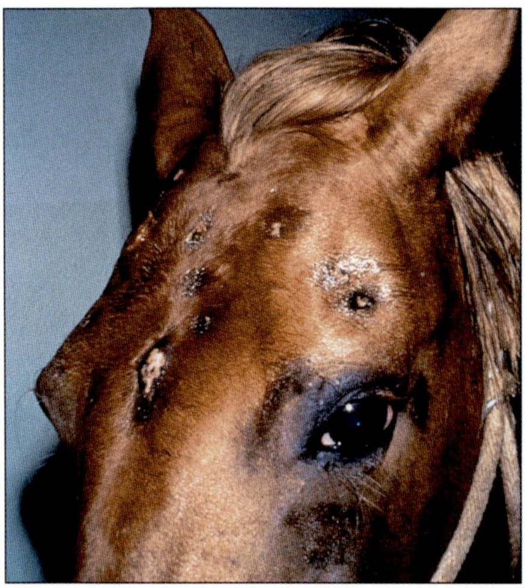

Abb. 48

Alopezie, Krustenbildung und fokale Geschwürsbildung im Gesicht eines Pferdes mit Onchozerkose (mit freundl. Genehmigung von Dr. Josie Traub-Dargatz).

Abb. 49

Schwanzreiben und Hypotrichose verursacht durch allergisch bedingten Juckreiz.

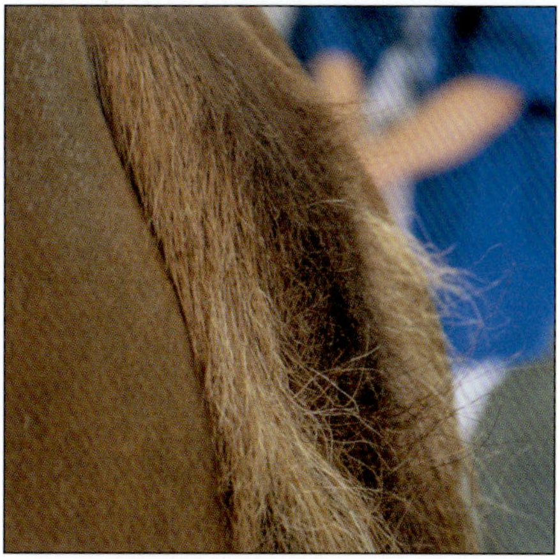

Abb. 50

Alopezie und Krustenbildung auf Grund von generalisierter granulomatöser Erkrankung bei einem 5-jährigen Vollblut (mit freundl. Genehmigung von Dr. Ann Hargis).

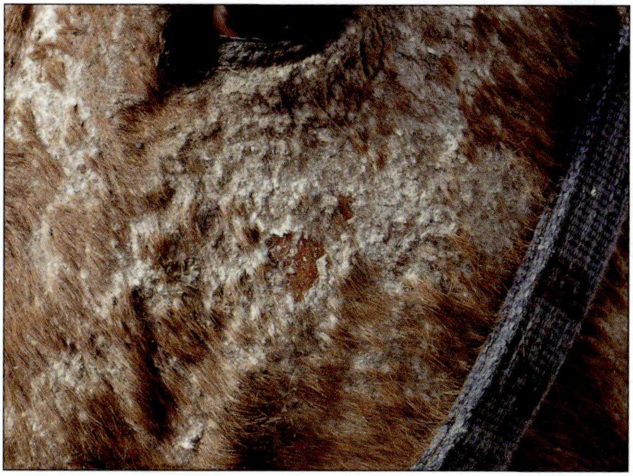

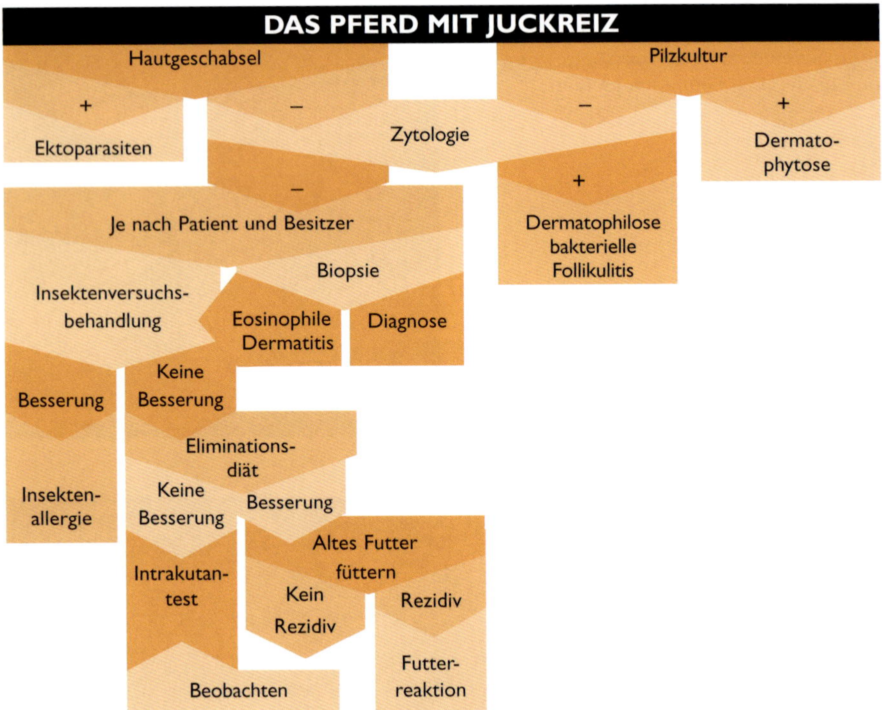

Das Pferd mit Juckreiz

Das Pferd mit Papeln, Pusteln und Krusten

Kernfragen

✓ Wie alt war das Pferd beim Auftreten der ersten Symptome?

✓ Wie lange besteht die Erkrankung bereits und wie war ihr Verlauf?

✓ Hat das Pferd Juckreiz?

✓ Treten die Beschwerden saisonal auf?

✓ Zeigt das Tier andere Symptome wie z.B. Niesen oder Husten?

✓ Haben andere Pferde regelmäßig Kontakt zu dem Patienten oder benutzen andere Pferde diesselben Pferdedecken, Sättel, Bürsten oder andere Ausrüstung. Zeigen diese Pferde irgendwelche Abnormalitäten?

✓ Gibt es einen Zusammenhang zwischen der Erkrankung und Luftfeuchtigkeit oder regnerischem, nassen Wetter?

✓ Wurde diese Erkrankung bisher behandelt? Wenn ja, mit welchen Medikamenten und welchem Erfolg ?

✓ Verbessert sich der Zustand des Tieres in einer anderen Umgebung (bei Aufstallung oder auf einer anderen Weide)?

Papeln werden beim Pferd des öfteren gesehen, Pusteln sind sehr selten. Beide Läsionen können Krusten zur Folge haben. Manche Erkrankungen sind durch Papeln charakterisiert, die sich nicht zu Krusten entwickeln (wie zum Beispiel Erythema multiforme), andere Erkrankungen zeigen Krustenbildung als charakteristische Veränderung (wie Pemphigus foliaceus) oder sind durch Schuppen- und Krustenbildung charakterisiert (wie Seborrhoe, die entweder nur die Mähne und/oder den Schweif betrifft oder generalisiert auftritt).
Krustenbildung ist eine Folge von Exsudation und/oder Exozytose von Entzündungszellen. Beispiele sind Infekte wie Dermatophytose oder immunbedingte Erkrankungen wie Pemphigus foliaceus. Diese Erkrankungen können mit Juckreiz einhergehen (siehe „Das Pferd mit Juckreiz, Seite 40).
Hautgeschabsel und Zytologie sind bei Pferden mit Papeln, Pusteln und Krusten immer sinnvoll, um weitere Hinweise auf Infekte, Ektoparasiten oder immunbedingte Erkrankungen zu erhalten.
In Tabelle 2 sind die mit Papeln, Pusteln und/oder Krusten verbundenen Differentialdiagnosen aufgelistet.

Tabelle 2
Differentialdiagnosen, häufig betroffene Körperstellen, empfohlene diagnostische Maßnahmen, Behandlungsmöglichkeiten und Prognose bei einem Pferd mit Papeln, Pusteln und/oder Krusten

Erkrankung	Körperstelle	Diagnostik	Therapie	Prognose
Dermatophilose (häufig, verursacht durch *Dermatophilus congolensis* in Verbindung mit nassen Umweltbedingungen und/oder Trauma)	Alopezie, Pusteln und charakteristische pinselähnliche Krusten entweder ventral oder dorsal (hängt von den Fütterungsgewohnheiten der jeweiligen lokalen Spezies ab) oder seltener an den distalen Gliedmaßen (Schlammige Weiden) *(Abb. 51, 52 und 53)*.	Zytologie, bakterielle Kultur (kann schwierig sein), Biopsie	Lokale Antiseptika und antimikrobielle Mittel, systemische Antibiotika, Trockenhalten des Pferdes. (S. 76)	Mäßig
Dermatophytose (häufig und oft verursacht durch *Trichophyton equinum*)	Sich ausbreitende Alopezie mit Schuppen- und Krustenbildung im Gesicht, am Nacken, Rücken und in der Sattelgurtgegend *(Abbildungen 54-56)*	Trichogramm, Pilzkultur	Antimykotische Shampoos und Spülungen sowie Desinfektion von Ausrüstung, um die Umweltkontamination und das zoonotische Potential zu minimieren. (S. 74)	Gut
Bakterielle Follikulitis (verursacht durch Koagulase-positive Staphylokokken, typischerweise nach Trauma oder (weniger häufig) in Verbindung mit einer Primärerkrankung. Häufig im Frühling und Herbst.	Schmerzhafte Papeln, Pusteln, Krusten und/oder Geschwüre in der Gegend von Sattel, Sattelgurt und/oder Zaumzeug *(Abbildungen 57/58)*	Zytologie, Kultur, in Einzelfällen Biopsie	Scheren, säubern und desinifizieren mit lokalen antibakteriellen Mitteln oder systemischen Antibiotika. (S. 76)	Gut, bei manchen Pferden rezidivierend
Seborrhoe der Mähne und des Schweifs (ein weniger oft vorkommender primärer Keratinisierungsdefekt)	Mäßig bis schwere Schuppenbildung der Mähne und des Schweifs.	Klinische Präsentation und Biopsie	Lokale antiseborrhoeische Shampoos. (S. 74)	Gut mit regelmäßiger Behandlung, schlecht für Heilung.
Pemphigus foliaceus (Autoimmunerkrankung mit Bildung intraepidermaler Pusteln durch Pemphigus-Antikörper gegen Antigene der interzellulären Verbindung. Kann idiopathisch, arzneimittelinduziert oder paraneoplastisch sein)	Erosionen mit Schuppen und Krusten, anfänglich im Gesicht, am Nacken und den Beinen, dann generalisiert. Ödem der distalen Gliedmaßen und des Bauches *(Abbildungen 59-63)*.	Biopsie	Immunsuppressive Therapie (S. 84)	Gut bis vorsichtig bei Fohlen (viele Fohlen bleiben nach Ende der Therapie in Remission), vorsichtig bis schlecht bei alten Pferden (oft lebenslange Therapie nötig)

Equines Koitalexanthem oder Blaeschenausschlag (kontagiöse Geschlechtskrankheit verursacht durch equines Herpesvirus Typ 3).	Papeln, Pusteln und Krusten am Präputium, an der Vulva, Nase und am Maul *(Abb. 64: Equine coital exanthema).*	Serumneutralisation, Komplementfixation, Viruskultur	Iodlösung lokal. Kein Geschlechtsverkehr, bis die Läsionen völlig ausgeheilt sind.	Schlecht für Heilung, Rezidive sind unter Stress möglich
Chorioptes equi (häufig, Beinmilbe)	Kommt im Winter häufiger vor, Schuppenbildung, Alopezie und Juckreiz der distalen Gliedmaßen und des Bauches *(Abb. 47: Chorioptes).*	Oberflächliche Hautgeschabsel (kann schwierig zu finden sein)	Ivermektin kann hilfreich sein, ist aber selten kurativ. Fipronil Spray, Spülungen mit Schwefelkalk oder Organophosphaten. Alle Kontakttiere müssen behandelt werden. (S. 82)	Gut
Onchozerkose (war vor der Verwendung von Ivermektin eine sehr häufige Erkankung, verursacht durch Mikrofilarien von *Onchocerca cervicalis* und übertragen durch Insekten)	Alopezie, Schuppen- und Krustenbildung, Plaques, Erosionen und Geschwüre in der Mitte des ventralen Bauches, im Gesicht, am Nacken und auf den Schultern *(Abb. 48).*	Anamnese (mangelnde Entwurmung), Untersuchung, Biopsie, erfolgreiche Therapie	Fenbendazol, Mebendazol, Ivermektin, gegen die Mikorfilarien, kurze Glukokortikoidtherapie gegen die mit der Zerstörung der Mikrofilarien verbundene Entzündung.	Gut
Psoroptes equi (Körpermilbe)	Seborrhoea und/oder Juckreiz mit Papeln, Alopezie, Krusten und Exkoriationen der Mähne, des Körpers und Schweifs.	Oberflächliche Hautgeschabsel	Ivermektin, Pyrethrin, Pyrethroide, Spülungen mit Organophosphaten oder Schwefelkalk. Alle Kontakttiere müssen behandelt werden. (S. 82)	Gut
Durch Würmer verursachte Dermatitis (nicht häufig, verursacht von *Pelodera strongyloides* & *Strongyloides westeri*, betrifft in der Regel junge Pferde unter schlechten Haltungsbedingungen)	Plötzlich einsetzender Juckreiz mit Papeln, Krusten und Geschwüren an den Beinen.	Tiefe Hautgeschabsel, Biopsie	Verbesserung der Haltungsbedingungen, local Glukokortikoide und Antibiotika, Entwurmung.	Ausgezeichnet
Generalisierte Seborrhoe (seltener primärer Keratinisierungsdefekt)	Mäßig bis schwere Schuppenbildung an Kopf, Rumpf und Nacken.	Klinische Präsentation und Biopsie	Lokale antiseborrhoeische Shampoos (S. 84)	Gut mit regelmäßiger Behandlung, schlecht für Heilung.

Fortsetzung Tabelle 2

Erkrankung	Körperstelle	Diagnostik	Therapie	Prognose
Lineare Alopezie und Keratose (seltene und möglicherweise erbliche Hauterkrankung unbekannter Genese)	Unilaterale, lineare, vertikal orientierte haarlose und hyperkeratotische Linien und Bänder über dem Nacken, den Schultern und dem lateralen Brustkorb, Läsionen können schmerzhaft sein *(Abb. 65)*.	Klinische Präsentation und Biopsie	Lokale antiseborrhoeische Behandlung (S. 74)	Ausgezeichnet für das Allgemeinbefinden, schlecht für Heilung.
Generalisierte granulomatöse Erkrankung oder Sarkoidose (Exfoliative Dermatitis und Schwindsucht mit systemischer granulomatöser Entzündung unbekannter Ursache)	Juckende und exsudative Koronitis und Dermatitis mit Alopezie und Hyperkeratose, Gewichtsverlust, Depression und Fieber *(Abb. 50)*	Erniedrigte Albumin- und hohe Fibrinogenspiegel, Biopsie	Glukokortikoide (S. 78)	Spontanremission, Remission mit Glukokortikoidtherapie und fatale, nicht auf Therapie ansprechende Fälle kommen vor

Abb. 51

Dermatophilose mit dorsaler Alopezie und Krustenbildung (Bildmaterial von Dr. Anthony Stannard)

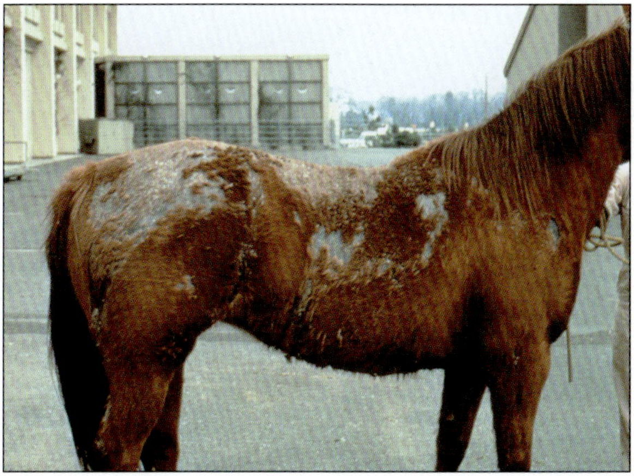

Abb. 52

Dermatophilose mit Alopezie und Krustenbildung am Nacken und in der Schultergegend (mit freundlicher Genehmigung von Dr. Luc Beco)

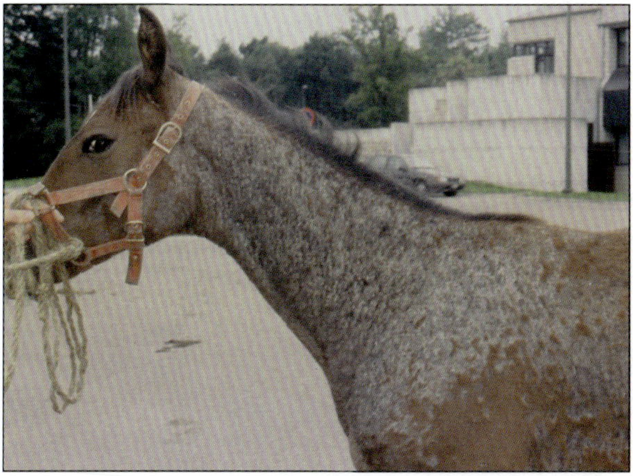

Abb 53

Krusten können bei einem Pferd mit Dermatophilose oft als Ganzes abgenommen werden (mit freundlicher Genehmigung von Dr. Hélène Amory)

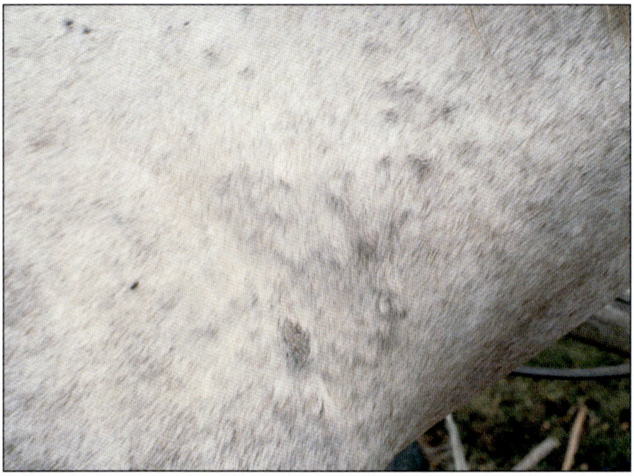

Abb. 54

Fokale Krustenbildung am Nacken eines Pferdes mit Dermatophytose (mit freundl. Genehmigung von Dr. Sonya Bettenay)

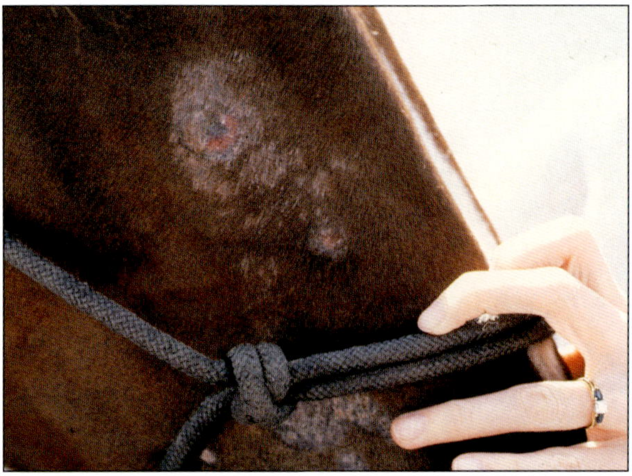

Abb. 55

Alopezie, Krusten und Geschwüre auf dem Gesicht einer 4-jährigen Quarterhorsestute.

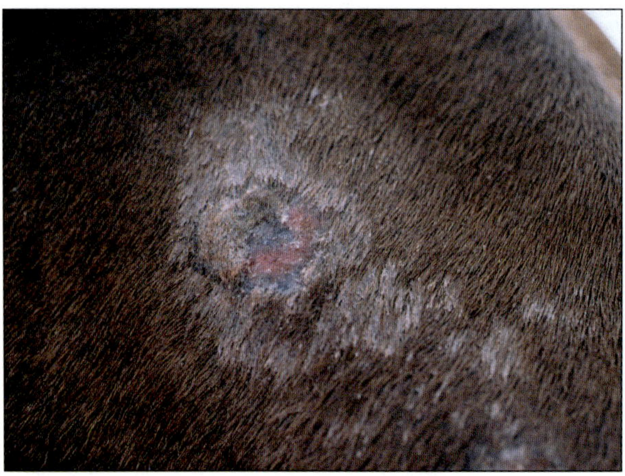

Abb. 56

Nahaufnahme der Läsion in Abb. 55.

Abb. 57

Krusten und Alopezie auf Grund von bakterieller Pyodermie bei einer 2-jährigen American Paintstute.

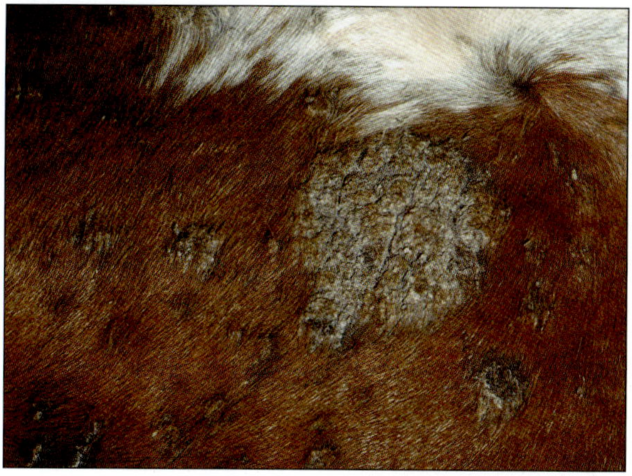

Abb. 58

Eine krustige Plaque am Rumpf der Stute von Abb. 57.

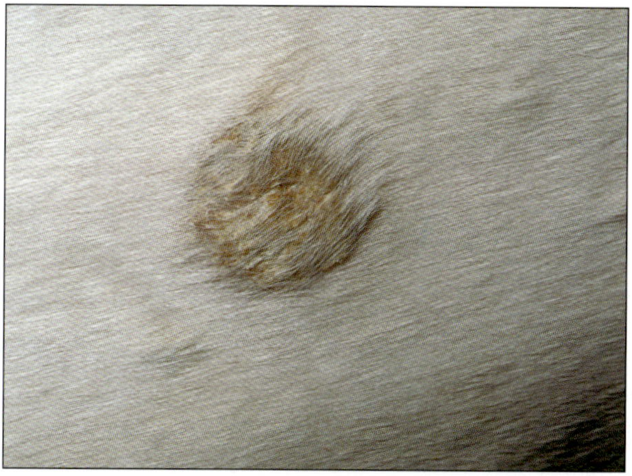

Abb. 59

Alopezie und Schuppenbildung auf dem Gesicht eines 8-jährigen Peruvian Paso Wallachs mit Pemphigus foliaceus.

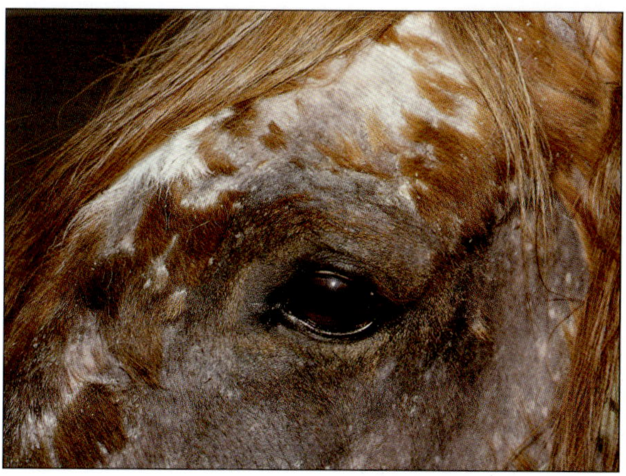

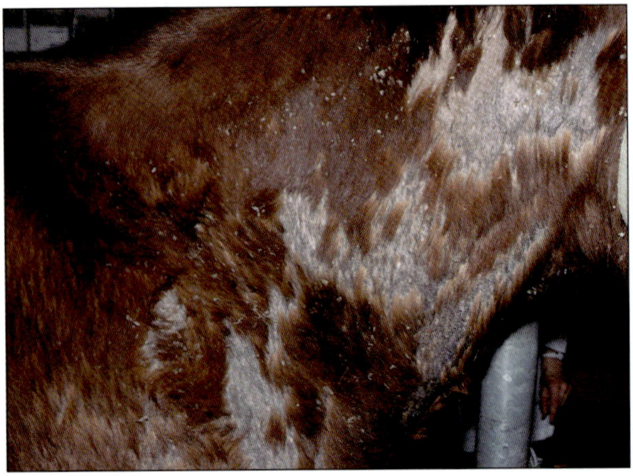

Abb. 60

Nahaufnahme des Nackens des Pferdes von Abb. 59.

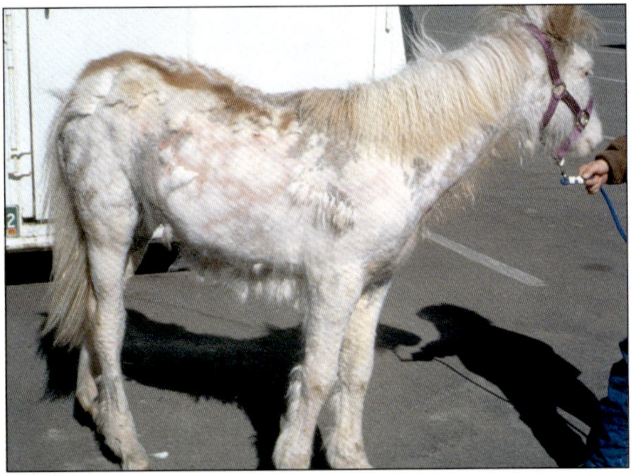

Abb. 61

Ein 6 Monate altes American Paint Hengstfohlen mit Pemphigus foliaceus.

Abb. 62

Nahaufnahme von Abb. 61 mit Alopezie, Krusten und fokalen Erosionen

Abb. 63

Proliferation des Hufs und krustiger Kronrand bei dem Pferd von Abb. 61.

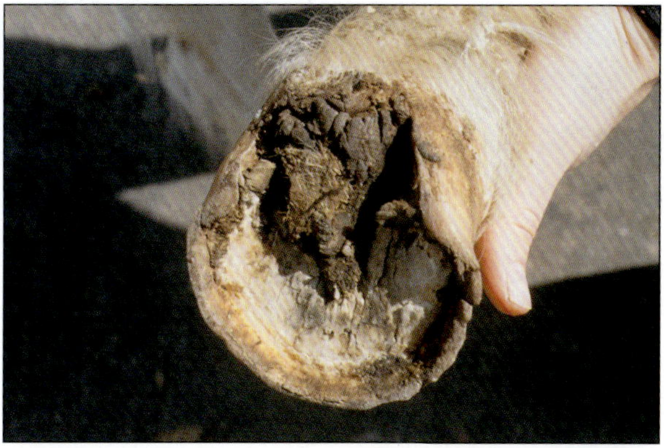

Abb. 64

Papeln am Penis eines Pferds mit Koitalexanthem (mit freundl. Genehmigung von Dr. Josie Traub-Dargatz)

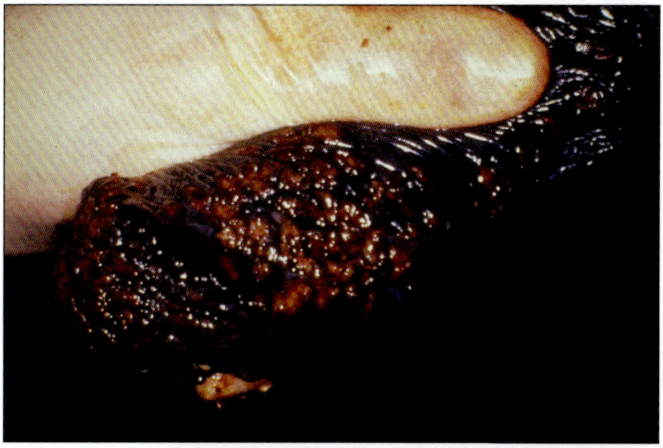

Abb. 65

Equine lineare Alopezie am lateralen Brustkorb (mit freundl. Genehmigung von Dr. Andrea Cannon)

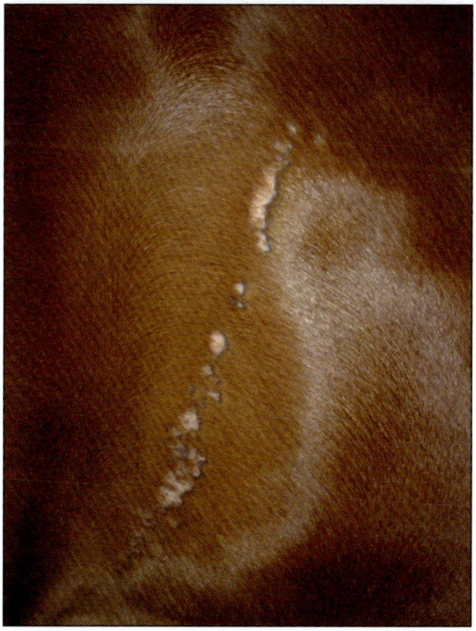

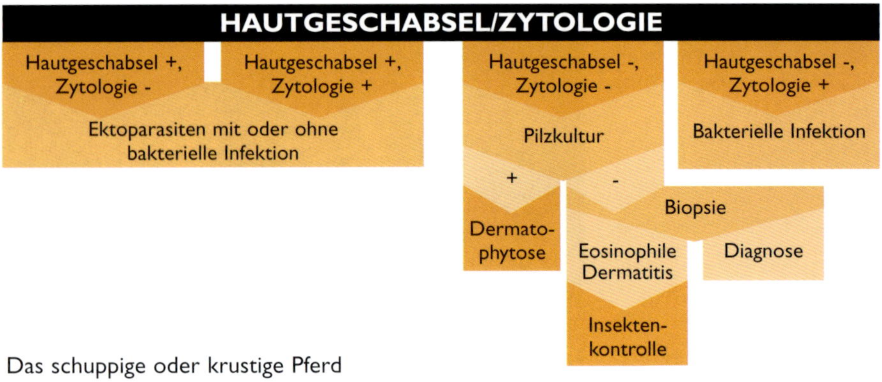

Das schuppige oder krustige Pferd

Das Pferd mit Knoten

Kernfragen

✓ Wie alt war das Pferd, als die Knoten zum ersten mal festgestellt wurden?

✓ Wieviele Knoten sind vorhanden?

✓ Wie lange sind die Knoten schon vorhanden und wie war ihr Verlauf?

✓ Haben andere Pferde regelmäßig Kontakt zu dem Patienten oder benutzen andere Pferde diesselben Pferdedecken, Sättel, Bürsten oder andere Ausrüstung. Zeigen diese Pferde irgendwelche Abnormalitäten?

✓ Wurden die Knoten schon vorbehandelt? Wenn ja, welche Medikamente wurden wie lange in welcher Dosierung verwendet und wie erfolgreich war die Therapie?

Differentialdiagnosen

Die Differentialdiagnosen werden hauptsächlich auf der Basis zweier unterschiedlicher Aspekte formuliert: (1) liegt nur eine Läsion vor (was die Wahrscheinlichkeit einer Neoplasie oder von infektiösen, durch Wunden eingedrungenen Erreger erhöht) oder gibt es multiple Läsionen (was auf sterile entzündliche Erkrankungen, aggressivere Neoplasien oder schwere Infekte zurückzuführen sein könnte); (2) bestehen fistelnde Läsionen (was die Wahrscheinlichkeit eines Fremdkörpers, schwerer bakterieller oder mykologischer Infekte oder steriler, entzündlicher Prozesse erhöht) ?

Die Aufarbeitung eines Pferdes mit Knoten ist unkompliziert. Der Anamnese und der klinischen Untersuchung folgen mikroskopische Untersuchungen von Abklatschpräparaten (wenn fistelnde Läsionen vorliegen) und Feinnadelaspirate bei jedem Pferd mit Knoten (S. 16). Bei den meisten Patienten kann die zytologische Untersuchung die Liste der Differentialdiagnosen eingrenzen, zur Diagnosestellung ist in der Regel jedoch eine Biopsie (S. 29) nötig. Bei nodulären Läsionen sollte eine komplette Exzision eines oder mehrerer Knoten durchgeführt werden. Im Falle von fistelnden Läsionen und/oder einer durch zytologische Untersuchung vermuteter Infektion sollte eine Kultur eingeleitet werden. Es sollten eher Proben aus den tieferen Gewebsschichten als ein normaler steriler Tupfer entnommen werden.

Tabelle 3
Differentialdiagnosen, häufig betroffene Körperstellen, empfohlene diagnostische Maßnahmen, Behandlungsmöglichkeiten und Prognose bei einem Pferd mit Knoten

Erkrankung	Körperstelle	Diagnostik	Therapie	Prognose
Abszess (häufig, oft auf Grund eines Traumas und verursacht durch *Corynebacterium pseudotuberculosis* oder *Clostridium equi* oder eine systemische Infektion zum Beispiel mit *Streptococcus equi*).	Ein oder mehrere Knoten *(Abb. 66).*	Aspirationszytologie	Heisse Umschläge, Drainage, Antibiotika können nach der Drainage oder im Frühstadium eines Abszesses gegeben werden.	Hängt vom Erreger und der Schwere der Infektion ab
Eosinophiles Granulom (häufige nichtneoplastische knotige Hauterkrankung des Pferdes, lokale Reaktion auf Mücken- oder Bremsenstiche ist bei manchen Pferden die Ursache)	Ein oder mehrere subkutane, feste, nicht-schmerzhafte Knoten *(Abbildungen 67/68).*	Biopsie	Chirurgische Entfernung, intraläsonale oder systemische Gabe von Glukokortikoiden.	Gut
Dasselbefall (Hypodermose, häufige Erkrankung bei Pferden und Kühen in manchen Gegenden der Welt auf Grund von *Hypoderma* Larven.)	Anfänglich feste, subkutane Knoten über den Schulterblättern junger Pferde, später Erweichung der Knoten und Entwicklung einer Atemöffnung.	Anamnese (betroffene Kühe in derselben Gegend), Untersuchung	Ivermektin verhindert die Migration und Entwicklung der Larven, chirurgische Entfernung (S. 82).	Ausgezeichnet, aber Anaphylaxe ist nach Behandlung und Absterben des Parasiten möglich.
Parafilariase (in vielen Ländern häufige, durch den Nematoden *Parafilaria multipapulosa* verursachte Erkrankung)	Papeln und Knoten, die einen blutigen Ausfluss zeigen und dann abheilen, im Frühling und Sommer am Nacken und Rumpf.	Abklatschpräparate, Biopsie	Ivermektin (S. 82)	Ausgezeichnet
Habronemiase (vor der Verwendung von Ivermektin häufig, verursacht durch kutane Penetration von *Habronema* Larven)	Kutane Knoten und Geschwüre im Frühling und Sommer, periokulär, an Penis und Präputium und nach Traumen.	Anamnese, Untersuchung, Zytologie, Biopsie	Glukokortikoide (S. 78), Ivermektin (S. 82), chirurgische Entfernung.	Gut

Plattenepithelkarzinom (ein häufiger Hauttumor, verursacht durch entartete Keratinozyten in durch ultraviolette Strahlung geschädigter Haut)	Einzelne nicht heilende Geschwüre und proliferierende Gewächse in spärlich pigmentierter oder behaarter Haut *(Abb. 70).*	Zytologie, Biopsie	Chirurgische Enfernung, Kryochirurgie (gut geeigner für kleine Läsionen < 2cm), 5-Fluorouracil (5% Creme), Entfernung mit Laser.	Mäßig bis gut, wenn Läsionen klein sind und Exzision möglich ist, vorsichtig bis schlecht bei grossen Tumoren
Sarkoid (häufigster Hauttumor des Pferdes, lokal aggressiv, viral bedingt (BPV 1,2), fibroblastischen Ursprungs)	Knotige, wildfleisch- oder warzenähnliche, kahle, oder schuppige Läsionen sind möglich und treten häufig am Kopf, Nacken, den Beinen und am Bauch auf. *(Abbildungen 71/72).*	Biopsie (obwohl Biopsie ein aggressives Wachstum des Sarkoids und eine Transformation von ruhenden in proliferierende Sarkoide verursachen kann)	Chirurgische Entfernung, Kryochirurgie, Lasertherapie, Bleomyzin, Cisplatin, Imiquimod, immunstimulierende Produkte mykobakteriellen Ursprungs.	Gut, wenn Behandlung nicht zur aggressiven Entartung führt, andernfalls vorsichtig bis schlecht.
Melanom (ein häufiger maligner Tumor, der meistens bei alten Grauschimmeln gesehen wird)	Knoten, Plaques oder warzige Läsionen, oft unter dem Schweif und in der Perianalregion, aber auch am Kopf und den distalen Gliedmaßen *(Abbildungen 73/74).*	Klinische Präsentation, Zytologie und Biopsie	Chirugische Exzision für solitäre Melanome, bei multiplen Melanomen kann Kryochirurgie oder Cimetidin hilfreich sein.	Schlecht für eine Heilung, wenn es sich nicht um einen komplett exzidierten solitären Tumor handelt. Bei vielen Pferden sehr langsames Wachstum.
Ulzerative Lymphangitis (seltene bakterielle Infektion kutaner Lymphgefässe)	Den Lymphgefässen folgende Knoten an den distalen Gliedmaßen (häufiger an den Hinterbeinen), die ulzerieren und Ausfluss zeigen *(Abb. 75)*	Klinische Präsentation, Biopsie, Kultur	Bewegung, Drainage und Langzeitantibiotika	Mäßig bis vorsichtig bei frühen Läsionen, vorsichtig bis schlecht, wenn signifikante Fibrose vorhanden ist.
Bakterielles Granulom (Pseudomyzetom, verursacht durch Trauma und Infektion mit Staphylokokken)	Knoten mit ulzerierender Oberfläche und eitrigem Ausfluss von Fistelgaengen, Wildfleischentwicklung möglich.	Anamnese, Kultur, Biopsie	Chirurgische Entfernung gefolgt von antibiotischer Therapie	Gut, wenn komplette chirurgische Entfernung möglich ist.

Fortsetzung Tabelle 3

Erkrankung	Körperstelle	Diagnostik	Therapie	Prognose
Phaeohyphomykose (selten, verursacht durch eine Wundinfektion mit *Drechslera spicifera*)	Kleine, dunkle Plaques und Knoten, die ulzerieren und Ausfluss zeigen.	Biopsie, Pilzkultur	Antimykotische Therapie mit systemischen Jodpräparaten, bei vereinzelten Läsionen wird, wenn möglich, chirurgische Entfernung empfohlen.	Schlecht
Myzetom (selten, verursacht durch Wundkontamination mit saprophytischen Pilzen wie *Curvularia geniculata* oder *Pseudoallescheria boydii*)	Ulzerierende Knoten an Bauch, Beinen und Kopf.	Biopsie, Kultur	Chirurgische Entfernung gefolgt von oralen Jodpräparaten.	Vorsichtig bis schlecht
Sporotrichose (eine wenig häufige chronische Infektion von Haut und Lymphsystem mit *Sporothrix schenkii*)	Geschnürte, ulzerierende subkutane Knoten der distalen Gliedmaßen.	Klinische Präsentation, Zytologie, Kultur	Jodpräparate	Gut (vor Dissemination) bis vorsichtig
Pythiose (verursacht von *Pythium insidiosum*, einem in tropischen stehenden Gewässern lebenden Erreger, der durch Wunden ins Gewebe eindringt).	Juckendes, festes Granulationsgewebe mit nekrotischem Zentrum, serosanguinösem Ausfluss und Lymphangitis an Beinen und Bauch.	Biopsie, Kultur, PCR	Wiederholte chirurgische Exzision begleitet von Jodpräparaten.	Schlecht
Amyloidose (Seltene Deposition von Amyloid in die Haut oder den oberen Respirationstrakt, primär oder sekundär auf Grund von chronischer Immunstimulation, die in der Regel zu systemischer Amyloidose ohne Hautbeteiligung führt)	Knoten und Plaques in der Haut und den Schleimhäuten des oberen Respirationstrakts, Epistaxis *(Abbildungen 76/77)*	Biopsie	Keine	Gut für Überleben (wenn nur die Haut betroffen ist), schlecht für Heilung

Abb. 66

Corynebacterium equi Abszess nach einer intramuskulären Injektion in den Pektoralismuskel eines Pferdes (mit freundl. Genehmigung von Dr. Andrea Cannon).

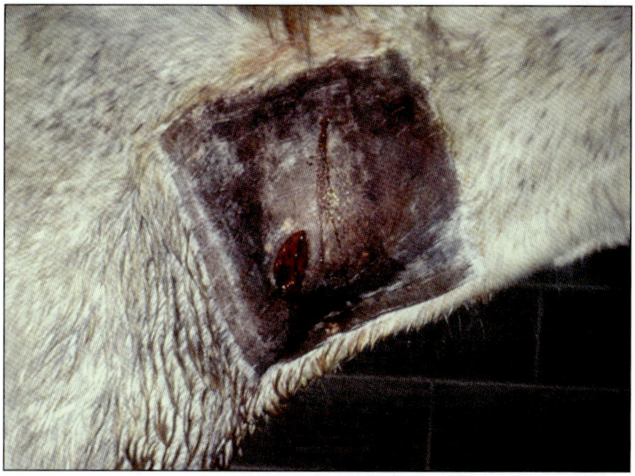

Abb. 67

Eosinophiles Granulom an der Brust (mit freundl. Genehmigung von Dr. Traub-Dargatz).

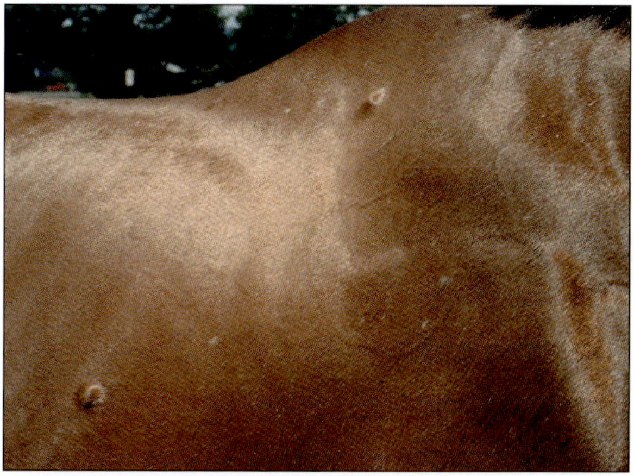

Abb. 68

Nahaufnahme von eosinophilen Granulomen (mit freundl. Genehmigung von Dr. Josie Traub-Dargatz).

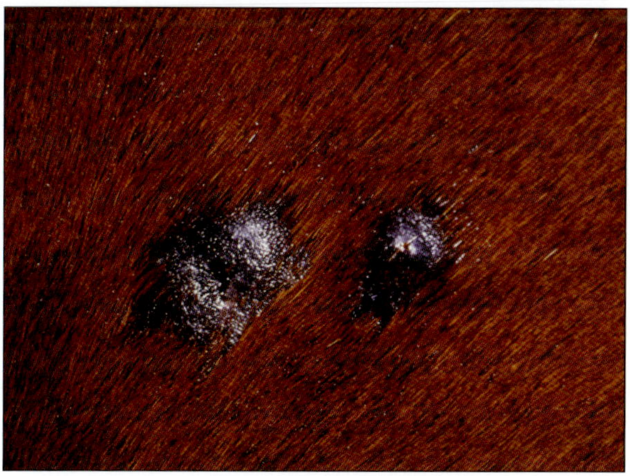

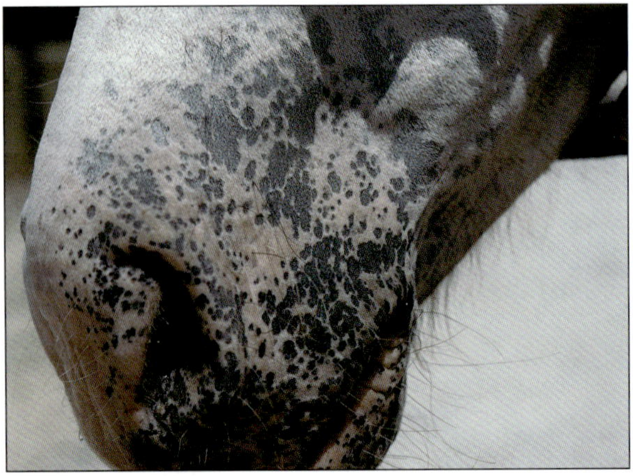

Abb. 69

Aktinische Keratose am Maul eines Appaloosawallachs.

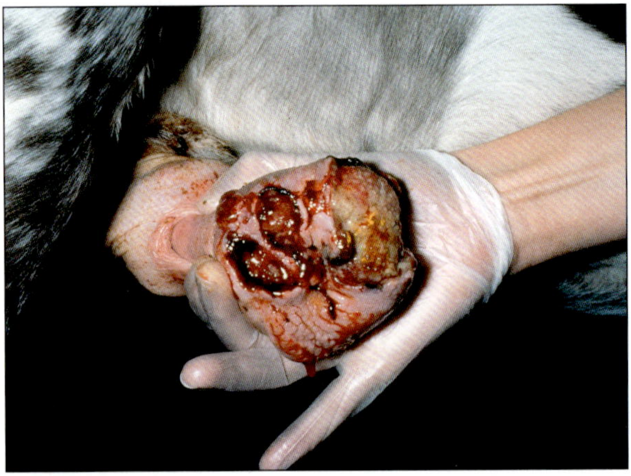

Abb. 70

Plattenepithelkarzinom am Penis eines Pferdes (mit freundl. Genehmigung von Dr. Josie Traub-Dargatz).

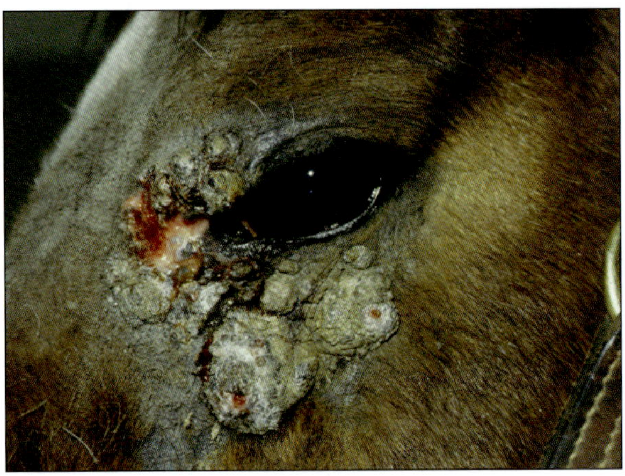

Abb. 71

Knoten, Krusten und Geschwürbildung im Periokulärbereich auf Grund eines Sarkoids (mit freundl. Genehmigung von Dr. Josie Traub-Dargatz).

Abb. 72

Warzenförmiges Sarkoid (mit freundl. Genehmigung von Dr. Josie Traub-Dargatz).

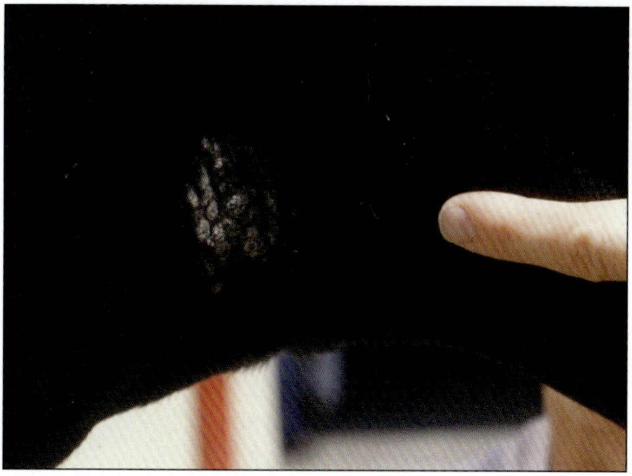

Abb. 73

Grosses Melanom am Schweif und in der Perineal- und Peranalgegend einer Grauschimmelstute.

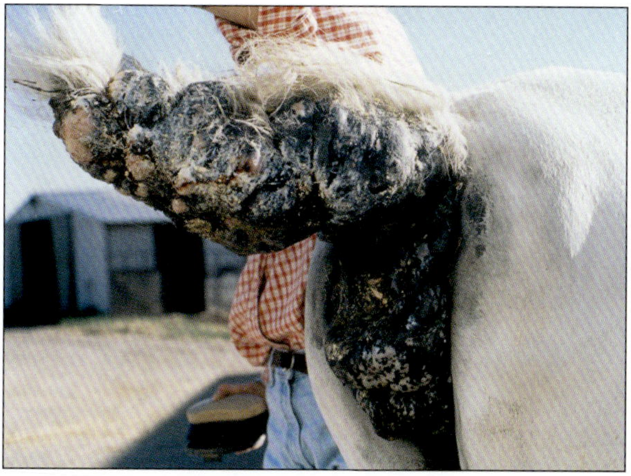

Abb. 74

Melanom am Maul eines Pferdes (mit freundl. Genehmigung von Dr. Josie Traub-Dargatz).

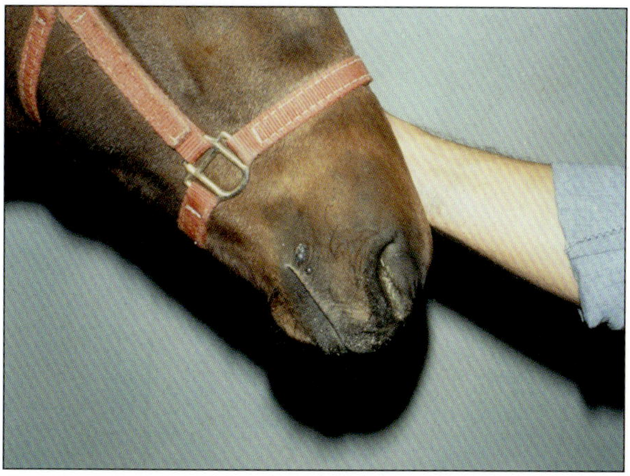

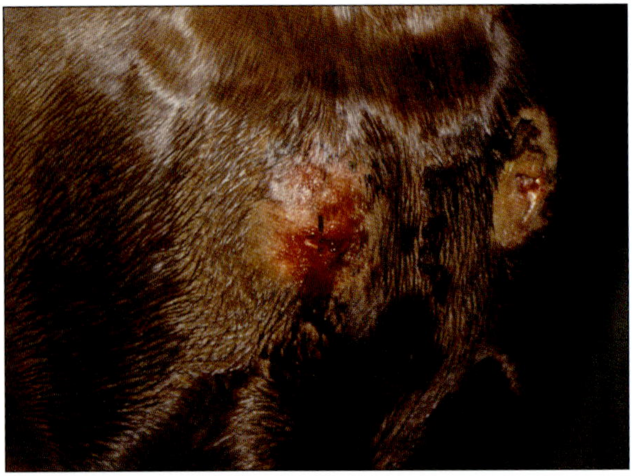

Abb. 75

Ulzerative Lymphangitis bei einem Pferd (mit freundl. Genehmigung von Dr. Andrea Cannon).

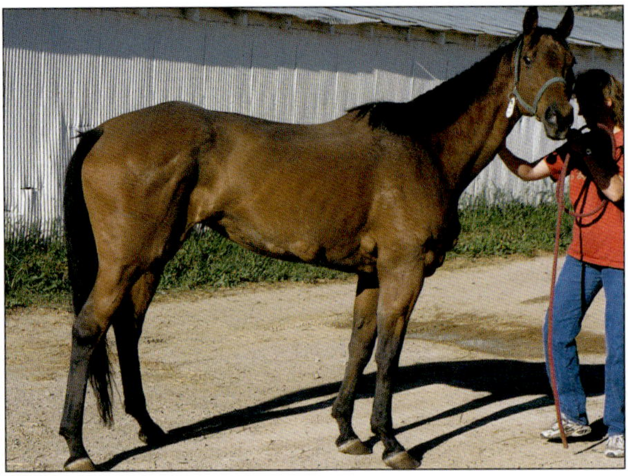

Abb. 76

Amyloidose bei einer 20-jährigen Vollblutstute.

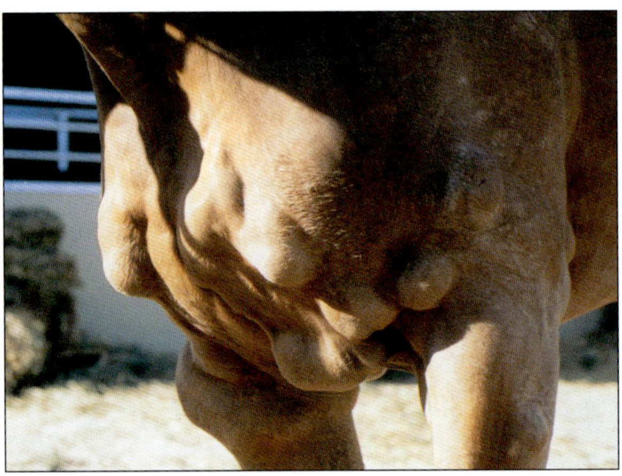

Abb. 77

Nahaufnahme der kranialen Brust der Stute von Abb. 76.

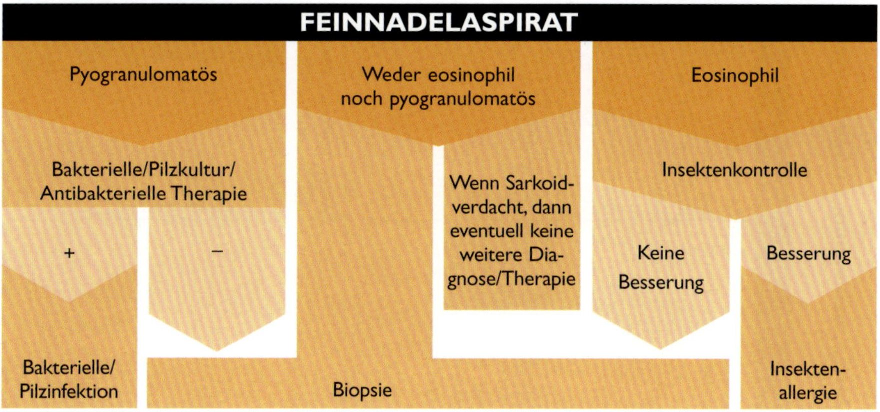

Das Pferd mit Knoten

Das Pferd mit Alopezie

Bei vielen Erkrankungen tritt Alopezie in Verbindung mit Juckreiz und anderen Läsionen auf. Hier diskutieren wir Fälle von klinisch nicht-entzündlicher Alopezie bei Pferden.

Kernfragen

✓ Zu welcher Rasse gehört das Pferd?

✓ Wie alt war das Pferd, als die Alopezie zum ersten Mal festgestellt wurde?

✓ Wie lange ist der Haarverlust schon vorhanden und wie war der Verlauf?

✓ Wo am Körper begann das Problem?

✓ Ist Juckreiz vorhaden?

✓ Ist die Alopezie saisonal?

✓ Wurde die Erkrankung schon vorbehandelt? Wenn ja, welche Medikamente wurden wie lange in welcher Dosierung verwendet und wie erfolgreich war die Therapie?

Wenn das Pferd mit Alopezie an Juckreiz leidet, aber keine anderen Hautveränderungen hat, ist die Aufarbeitung des Falles eine andere als bei einem haarlosen Pferd ohne Juckreiz. Viele Alopezien sind durch trockene Haut und milde Schuppenbildung charakterisiert, die pruriginös oder nicht pruriginös sein können. Der Gebrauch von Feuchtigkeitsspendern hilft gegen das Austrocknen und kann zur Linderung des Juckreizes beitragen. Wenn der Juckreiz weiterbesteht, ist die Aufarbeitung dieselbe wie bei Pferden mit Juckreiz ohne Hautveränderungen (S. 40).

Tabelle 4
Differentialdiagnosen, häufig betroffene Körperstellen, empfohlene diagnostische Maßnahmen, Behandlungsmöglichkeiten und Prognose bei einem Pferd mit Alopezie

Erkrankung	Körperstelle	Diagnostik	Therapie	Prognose
Alopecia areata (weniger häufige, zell-mediierte und gegen Haarmatrix und follikuläres Epithel gerichtete Immunerkrankung)	Fokale, oft kreisförmige partielle oder vollständige Alopezie oder Ausdünnung des Haarkleids *(Abbildungen 78, 79 und 80)*.	Biopsie	Lokale Glukokortikoidgabe oder Tacrolimus können von Vorteil sein.	Mäßig bis vorsichtig für schnelle Remission (obwohl Spontanremission auch nach einigen Jahren durchaus möglich ist), ausgezeichnet für das Wohlbefinden.
Occultes Sarkoid (häufigster Hauttumor des Pferdes, lokal aggressiv, viral bedingt (BPV 1,2), fibroblastischen Ursprungs).	Alopezie, oft kreisförmig mit milder Hyperkeratose oder kleinen Knötchen *(Abbildungen 81 und 82)*.	Biopsie (obwohl Biopsie ein aggressives Wachstum des Sarkoids und eine Transformation von ruhenden in proliferierende Sarkoide verursachen kann).	Chirurgische Entfernung, Kryochirurgie, Lasertherapie, Bleomyzin, Cisplatin, Imiquimod, immunstimulierende Produkte mykobakteriellen Ursprungs.	Unvorhersagbar
Mähnen- und Schweifdystrophie (wahrscheinlich genetische follikuläre Dysplasie von Mähne und Schweif, häufiger in Appaloosas).	Ausdünnung von Mähnen- und Schweifhaaren.	Biopsie	Keine	Ausgezeichnet für das Wohlbefinden, schlecht für Heilung.
Telogene Defluxion (weniger häufig, ein stressreiches Erlebnis führt zur plötzlichen Telogenisierung aller Haarfollikel mit nachfolgendem Haarausfall 4-12 Wochen später, wenn die telogenen Haare ausfallen und neue Haare nachwachsen)	Symmetrische Hypotrichose oder Alopezie.	Anamnese	Keine	Ausgezeichnet

Demodikose (selten, verursacht durch eine Proliferation von *Demodex caballi/equi* auf Grund von Immunsuppression durch eine Primärerkrankung oder langfristige Glukokortikoidtherapie).	Asymptomatische multifokale Alopezie und Schuppenbildung am Nacken, den Schultern und Vorderbeinen.	Tiefe Hautgeschabsel, Biopsie	Behandlung der Primärerkrankung, Beendigung der Glukokortikoidtherapie, Ivermektin.	Hängt von der Primärerkrankung ab

Abb. 78

Alopecia areata mit multifokaler Alopezie auf dem Rumpf eines Pferdes (mit freundl. Genehmigung von Dr. Josie Traub-Dargatz).

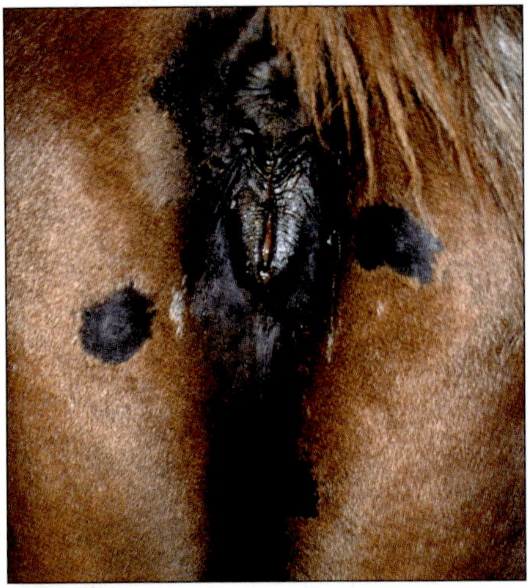

Abb. 79

Alopecia areata in der Perinealgegend einer Stute (mit freundl. Genehmigung von Dr. Sonja Zabel).

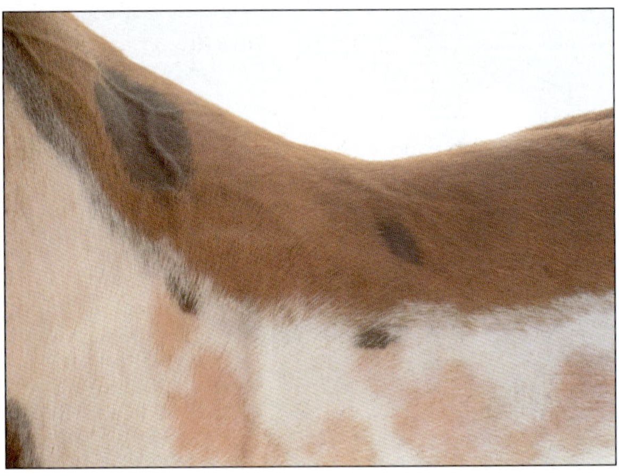

Abb. 80

Multifokale Alopezie am Nacken und an der Brust eines Pferdes mit Alopecia areata (mit freundl. Genehmigung von Dr. Josie Traub-Dargatz).

Abb. 81

Sarkoid auf dem Gesicht eines 12-jährigen Quarterhorses (mit freundl. Genehmigung von Dr. Sonya Bettenay).

Abb. 82

Nahaufnahme der Läsion in Abb. 81 (mit freundl. Genehmigung von Dr. Sonya Bettenay).

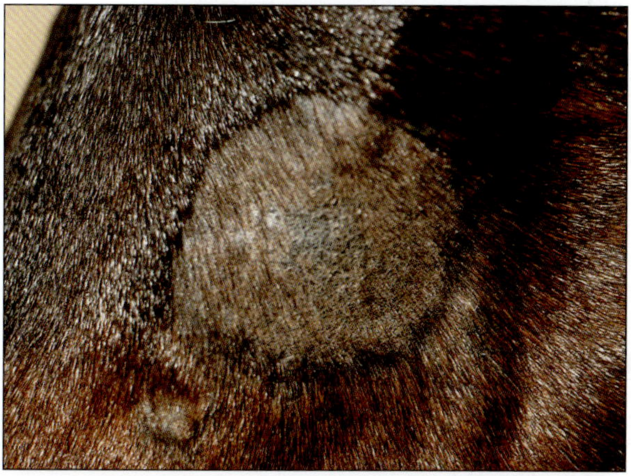

KAHLES PFERD

Pruritus	Kein Pruritus	
Siehe S. 48: Das Pferd mit Juckreiz	Biopsie	Bei Sarkoidverdacht (Alopezie, leichte Hyperkeratose, wenige kleine Papeln) eventuell keine weitere Diagnose/Therapie

Teil 3

Therapie

In diesem Kapitel möchte ich allgemeine Behandlungsmodalitäten, ihre Formulierungen (die in verschiedenen Teilen der Welt unterschiedlich sein kann), Indikationen und Dosierungen zusammenfassen. Eine detaillierte Beschreibung der einzelnen Wirkstoffe, der Wirkungsmechanismen, der Pharmakokinetik und Protokolle würde den Rahmen dieses Buches sprengen. Literaturhinweise zu diesem Thema finden Sie im Anhang.
Wirkstoffe die mit einem Sternchen und einem farbigen Hintergrund versehen sind, sind potentiell gefährlich und der im Umgang mit diesen Medikamenten unerfahrene Tierarzt sollte den Patienten zu einem Spezialisten schicken oder bei einem erfahreneren Kollegen Rat suchen.

Shampoo-Therapie der verschiedenen Hauterkrankungen

Die Shampoo-Therapie kann ein effizientes Management von Dermatosen mit medizinischen und kosmetischen Beschwerden ermöglichen (Tabelle 5). Allerdings ist das Waschen eines ganzen Pferdes eine sehr aufwendige Angelegenheit und deswegen wird Shampootherapie in der Pferdedermatologie meistens für lokale Hautprobleme eingesetzt. Infekte mit Bakterien oder Dermatophyten und Mähnen- und Schweif-Seborrhoe sind die häufigsten Indikationen für Shampootherapie beim Pferd. Es gibt nur wenige bekannte, durch Shampoo hervorgerufene Nebenwirkungen. Trotzdem ist die Shampoo-Therapie nur eine symptomatische Behandlung, die selten zur Heilung einer Hauterkrankung führt.
Für bestmögliche Resultate muss das richtige Shampoo für die jeweilige Hauterkrankung und das individuelle Pferd gewählt werden. Zusätzlich zur Wahl des geeigneten Shampoos sind die Anweisungen des Tierarztes für den Therapieerfolg von großer Bedeutung. Die Häufigkeit der Waschungen und die Einwirkzeit beeinflussen das Resultat der Behandlung. In der Regel wird ein 10-20-minütiger Kontakt des Shampoos mit der Haut empfohlen. Dies ist eine lange Zeit für einen Pferdebesitzer und wird häufig verkürzt! Nach Aufbringen des Shampoos und gründlichem Einschäumen kann der Besitzer anderen Arbeiten nachgehen, um 20 Minuten später die betroffenen Hautregionen sorgfältig mit warmem Wasser auszuspülen. Die Häufigkeit des Badens variiert mit Intensität und Typ des Erkrankungsprozesses. In der Regel gilt: je schwerer die Erkrankung, desto häufiger sollte gebadet werden.

Die Hauptgründe für den Misserfolg einer Shampoo-Therapie sind:
1. Fehlende Mitarbeit des Besitzers (Häufigkeit und/oder Dauer der Anwendungen)
2. Wahl eines ungeeigneten Shampoos für diese spezielle Erkrankung

Tabelle 5
Ausgewählte Shampoos für die Behandlung von Hauterkrankungen

Shampoo-Typ	Eigenschaften	Indikationen	Anwendungs-häufigkeit
Chlorhexidin	Antibakteriell, nicht durch organische Substanzen inaktiviert, nicht irritierend, trocknet die Haut nicht aus.	Bakterielle Infekte, Dermatophytose (4%)	alle 1-14 Tage
Benzoylperoxid	Entfettend (daher austrocknend), keratolytisch. Bei Pferden mit normaler oder trockener Haut sollte ein Feuchtigkeitsspender benutzt werden! Kann irritieren, besonders bei Konzentrationen über 3%.	Bakterielle Infekte, fettige und seborrhoeische Hauterkrankungen.	alle 7-14 Tage
Jod-Lösung	Antimykotisch, antibakteriell, viruzid, sporizid, entfettend, färbt und kann irritieren!	Bakterielle Infekte und Dermatophytose. Kann bei Pilzinfektionen auch hilfreich bei der Reduktion der Umgebungskontamination mit Sporen/Hyphen sein.	alle 7-14 Tage
Sulfur	Keratoplastisch und keratolytisch, antibakteriell und leicht antimykotisch. Synergistisch mit Salizylsäure.	Seborrhoea sicca, seborrhoeische Dermatitis	alle 3-14 Tage
Salizylsäure	Keratolytisch, leicht entzündungshemmend, synergistisch mit Sulfur.	Seborrhoea sicca, seborrhoeische Dermatitis	alle 3-14 Tage
Teer	Keratoplastisch und keratolytisch, antipruritisch und entfettend. Bei Pferden mit normaler oder trockener Haut sollte ein Feuchtigkeitsspender benutzt werden.	Seborrhoeische Dermatitis, Seborrhoea oleosa	alle 3-14 Tage
Kolloidales Hafermehl	Hydratisiert das Stratum corneum.	Juckende Erkrankungen, trockene Haut	alle 2-14 Tage

Die Behandlung bakterieller Infektionen

✓ Verletzungen sind eine häufige Ursache von bakteriellen Infektionen beim Pferd. *Streptococcus equi* oder *Corynebacterium pseudotuberculosis* sind die häufigsten mit Abszessen verbundenen Erreger. Streptokokken und Staphylokokken werden oft bei bakterieller Follikulitis gesehen.

🗝 Abszesse sollten nicht mit Antibiotika behandelt werden. Heisse Breiumschläge beschleunigen das Reifen eines Abszesses. Gute Drainage ist sehr wichtig, nach der Drainage kann antibiotische Therapie hilfreich sein.

🗝 Dermatophilose ist eine häufige bakterielle Infektion der Hautoberfläche, verursacht durch *Dermatophilus congolensis* und normalerweise mit feuchten Umweltbedingungen verbunden. Rezidive sind häufig, wenn das Pferd nicht trockengehalten werden kann.

✓ Pferde mit chronischen Allergien oder immunvermittelten Erkrankungen können sekundäre Pyodermien entwickeln, die die Grunderkrankung verschlimmern und eine antibiotische Behandlung erfordern.

✓ Hyperadrenokortizismus ist eine mögliche Ursache von Abszessen der Maulhöhle.

✓ Da nicht alle verfügbaren Antibiotika bei Hautinfektionen wirksam sind, muß das Wirkungsspektrum und die Pharmakologie der unterschiedlichen antibakteriellen Medikamente berücksichtigt werden.

🗝 Die richtige Dosierung und ausreichende Behandlungsdauer sind für den Erfolg einer antibiotischen Therapie essentiell. Obwohl viele bakterielle Infektionen beim Pferd auf eine Antibiotikatherapie von wenigen Tagen gut ansprechen, kann eine Therapiedauer von mehreren Wochen bei manchen Pferden durchaus nötig sein, insbesondere bei tiefen Infektionen wie bakteriellen Granulomen.

✓ Pyodermien können zumindest am Anfang empirisch therapiert werden. Wenn die sonst übliche Behandlung nicht zur Heilung führt, sollte eine mikrobiologische Kultur eingeleitet werden.

✓ Jede Probe für mikrobiologische Kultur und Antibiogramm sollte mit einer zytologischen Untersuchung verbunden und die Ergebnisse der Kultur zusammen mit dem zytologischen Befund interpretiert werden, da das Wachstum verschiedener Mikroorganismen nicht mit dem gleichzeitigen Vorliegen in signifikanter Anzahl „in vivo" korreliert.

✓ Makrolide wie Erythromycin und Lincomyzin können beim Pferd auf Grund ihrer Wirkung auf die bakterielle Flora des Kolons schweren Druchfall verursachen. Tetrazyklin sollten ebenfalls mit Vorsicht verwendet werden.

✓ Enrofloxazin ist bei Fohlen auf Grund von möglichen Knorpelerosionen kontraindiziert.

Tabelle 6
Ausgewählte Antibiotika in der Pferdedermatologie

Wirkstoff	Formulierung	Bemerkungen	Nebenwirkungen	Dosierung
Penicillin G	300,000 IU/ml zur Injektion	Infekte mit Gram-positiven und Gram-negative Kokken (mit Ausnahme der Peinicillinase-produzierenden Stämme), *Clostridium* sp., *Fusobacterium* und *Actinomyces.*	Allergische Reaktionen	20,000-40,000 IU/kg (10 ml/70-150 kg Körpergewicht) IM alle 12 h
Penicillin V	500-mg Tabletten	Infekte mit *Actinomyces*, den meisten Spirochäten und Gram-positiven und Gram-negativen Kokken, die keine Penicillinase produzieren.	Allergische Reaktionen, gastrointestinale Nebenwirlungen mit oraler Gabe möglich.	40-60 mg/kg (10 Tabletten/100kg Körpergewicht) alle 8 h
Trimethoprim / Sulfadiazin	800mg Trimethoprim/ 160mg Sulfadiazin, 48% sterile Injektion	Infekte mit Gram-positiven Bakterien (Streptokokken, Staphylokokken). Viele Gram-negative Erreger der Familie *Enterobacteriaceae* sind ebenfalls sensibel (ausser *Pseudomonas aeruginosa*).	Juckreiz, Diarrhoe, Allergien, Knochenmarkssuppression	20-30 mg/kg (1 Tablette/30-50 kg Körpergewicht) alle 12-24 h; 15-20 mg/kg (10 ml/250-350 kg Körpergewicht) IV alle 12-24 h
Chloramphenicol	1000mg Tabletten, 100 mg/ml zur Injektion	Infekte mit den meisten Gram-positiven und Gram-negativen Kokken, *Clostridium* sp., *Fusobacterium* und *Nocardia.*	Knochenmarkssuppression	50 mg/kg alle 8 h (10 Tabletten/200 kg Körpergewicht)
Cephalexin	1000-mg Tabletten	Infekte mit Streptokokken, Staphylokokken, Actinobacillus, Corynebacterien (*except C. equi*)	Erbrechen und Durchfall, sehr selten Tachypnoe oder Knochenmarksuppression	20-30 mg/kg alle 8 h
Enrofloxazin	136-mg Tabletten		Knorpelerosionen bei nicht ausgewachsenen Tieren	2.5-5 mg/kg alle 24 h

Behandlung von Juckreiz

Glukokortikoide

Glukokortikoide werden beim Pferd häufig zur Behandlung von Hautkrankheiten eingesetzt. In entzündungshemmenden Dosen vermindern sie die Aktivität und Migration von Entzündungszellen. Kortikosteroide sind bei den meisten Pferden mit atopischer Dermatitis eine wirksame Therapie und führen zumindest anfänglich in relativ geringen Dosen zur Remission. Pferde mit Allergien gegen Insektenstiche sprechen auch oft auf Glukokortikoide an. Prednisolon wird der Vorzug gegeben, da Prednison bei manchen Pferden nicht wirksam ist.

Glukokortikosteroide sind Mittel der Wahl bei Tieren mit einem milden saisonalen Pruritus von 1-2 monatiger Dauer, der sich mit entzündungshemmenden Dosierungen von <0.2 mg/kg Prednisolon jeden 2. Tag gut kontrollieren läßt.

Die Medikamentengabe an jedem 2. Tag ist definitiv einer täglichen vorzuziehen, da sich das Risiko eines iatrogenen Hyperadrenokortizismus sehr reduziert.

Ich benutze Prednisolon in entzündungshemmender Dosis bei stark betroffenen Pferden oft kurzfristig, um den Teufelskreis von Juckreiz und Scheuern, Reiben oder Beissen zu unterbrechen. Trotzdem sind langfristig eingesetzte Glukokortikoide selten Therapie der Wahl für Pferde mit Allergien, da die Dosis im Verlauf der Zeit immer höher werden muß, um die klinischen Symptome zu bekämpfen und da potentiell Nebenwirkungen auftreten können.

Mögliche Nebenwirkungen beinhalten Rehe, eine erhöhte Anfälligkeit für Infektionen und andere gut bekannte Symptome des iatrogenen Hyperadrenokortizismus wie Polydipsie, Polyurie und schlechte Wundheilung. Die Dosis sollte immer so niedrig wie möglich sein. Bei Renn- oder Turnierpferden müssen Glukokortikoide rechtzeitig abgesetzt werden, die nötigen Zeiten der Absetzung müssen bei der jweiligen Institution erfragt werden!

Tabelle 7
Ausgewählte Glukokortikoide und ihre Dosierung
(die Formulierungen können in verschiedenen Ländern variieren)

Wirkstoff	Formulatierung	Anfangsdosis
Prednisolon/Prednison	20-mg, 50-mg Tabletten, Granula	0.2 - 2 mg/kg alle 24 - 48 h oral
Methylprednisolon	100-mg Tabletten	0.2 – 1.5 mg/kg alle 24 - 48 h oral
Dexamethason	4-mg Tabletten	0.05 - 0.2 mg/kg alle 48 - 72 h oral
Triamcinolon	8-mg Tabletten	0.05 - 0.2 mg/kg alle 48 - 72 h oral

Antihistamine

Antihistamine sind nützliche Medikamente beim Management eines Pferdes mit Juckreiz auf Grund von atopischer Dermatitis oder Urtikaria. Die klassischen Antihistamine blockieren die H1-Rezeptoren. Antihistamine der ersten Generation haben zusätzlich eine anticholinerge, sedative und lokalanästhetische Wirkung. Die zweite Generation der Antihistamine durchdringt weniger die Blut-Hirn-Schranke oder hat eine geringere Affinität für das Hirn im Vergleich zu den peripheren H1-Rezeptoren. Daher sind sie wirksam, ohne sedierend zu sein. Auf Grund der hohen Kosten werden Antihistamine der zweiten Generation bei Pferden selten angewendet.

Der Vorteil der Antihistamine ist das seltene Auftreten von Nebenwirkungen. Schläfrigkeit ist der häufigste Nebeneffekt und kann nach 2-3 Tagen Behandlungsdauer wieder verschwinden. Daher lohnt es sich, die Therapie zunächst weiterzuführen, bevor sie beurteilt wird. Weniger häufig sind gastrointestinale Beschwerden. Da Terfenadin und Cyproheptadin anticholinerge Eigenschaften haben und eine Hypertension erzeugen könnten, sollten diese Wirkstoffe nicht bei Pferden mit schweren kardiovaskulären Erkrankungen eingesetzt werden. Hydroxyzin ist teratogen und sollte bei tragenden Stuten nicht zum Einsatz kommen.

Durch die relativ hohe Verabreichungshäufigkeit (2 bis 3 Mal täglich) und den hohen Preis, ist der langfristiger Einsatz von Antihistaminen beim Pferd limitiert. Mein Antihistaminikum der Wahl beim Pferd ist Hydroxyzin. Allerdings ist der Einsatz von Hydroxyzin bei Turnierpferden in manchen Ländern verboten.

Die Erfolgsquote kann durch das Probieren verschiedener Antihistamine gesteigert werden, da einige Pferde gut auf das eine, aber nicht auf das andere Präparat ansprechen

Da der Zeitraum des Absetzens eines Medikamentes vor einem Intrakutantest bei Antihistaminen kürzer als bei Glukokortikoiden ist, können Antihistamine in der Testvorbereitungszeit zur Juckreizlinderung verabreicht werden, wenn Steroide kontraindiziert sind.

Tabelle 8
Ausgewählte Antihistamine für die Behandlung von Allergien beim Pferd (die Formulierungen können in verschiedenen Ländern variieren)

Wirkstoff	Formulierung	Bemerkungen	Dosis
Chlorpheniramin	4 mg Tabletten	Potentiell sedativ	60-100 mg/500 kg alle 8-12 h
Diphenhydramin	25 mg Tabletten	Potentiell sedativ	500 mg/500 kg alle 8-12 h
Hydroxyzin	50 mg Kapseln	Potentiell sedativ, hemmt Mastzellendegranulation, ist ebenfalls ein Antidepressivum und teratogen.	400-800 mg/-500 kg alle 8-12 h
Amitriptyllin	50 mg Tabletten		50 mg/500 kg alle 12 h

Allergen-spezifische Immuntherapie*

Die spezifische Immuntherapie oder Hypo- bzw. Desensibilisierung wurde in den 60er Jahren in der Veterinärmedizin eingeführt. Bei der spezifischen Immuntherapie wird ein Patient mit Allergenextrakten konfrontiert, gegen die er zuvor eine allergische Reaktion gezeigt hatte. Die Behandlung beginnt mit niedrigen Konzentrationen, die über einen gewissen Zeitraum schrittweise bis zum Erreichen einer Erhaltungsdosis erhöht werden, um dann entweder so fortzufahren oder langsam zu reduzieren.

Überlegungen vor dem Beginn einer Allergen-spezifischen Immuntherapie

Vom klinischen Standpunkt und im Bezug zur alltäglichen Praxis sollten verschiedene Kernpunkte mit dem Besitzer besprochen werden, bevor eine Allergen-spezifische Immuntherapie oder mit „Allergiespritzen" begonnen wird.

Die Erfolgsquote: ca. 20% der Patienten reagieren sehr positiv und leben ohne zusätzliche Therapie; 40% der Patienten sprechen gut an, obwohl sie gelegentlich zusätzliche Behandlungen mit Antihistaminen, essentiellen Fettsäuren und/oder Antibiotika benötigen. Die Besitzer sind in diesen Fällen glücklich über die erreichte Besserung und betrachten die Allergen-spezifische Immuntherapie als lohnend, auch wenn die Therapie lebenslang ist.

Die Kosten: diese können in Abhängigkeit des Landes, in dem man praktiziert, der Allergien, die das Pferd hat, der verwendeten Allergene und der benötigten Allergendosis variieren. Im Allgemeinen ist allergen-spezifische Immuntherapie für Pferde vergleichsweise günstig, weil die verwendeten Dosierungen dieselben sind wie für Kleintiere und andere gewichtsabhängige Medikamente für Pferde wesentlich teurer sind als für Hunde und Katzen. Veterinärdermatologen sind eine gute Informationsquelle für die ungefähre Höhe der finanziellen Aufwendungen.

Die Zeit bis zur Besserung: frühestens nach 4 Wochen und spätestens 12 Monate nach Beginn der Therapie sind Anzeichen für einen Erfolg sichtbar. Durchschnittlich kann man mit einer Besserung nach 4 bis 6 Monaten rechnen.

Die Dauer der Behandlung: Allergen-spezifische Immuntherapie ist eine Langzeittherapie! Obwohl sie bei manchen Pferden nach 2 Jahren beendet werden kann, ohne dass ein Rezidiv auftritt, erhalten viele Pferde die Injektionen lebenslang!

Der zeitliche Aufwand: atopische Pferde sind „Pflegefälle" und brauchen als solche dauernde Pflege, vermutlich zumindest am Anfang regelmäßige Kontrolluntersuchungen und gleichzeitige Medikationen. Für Pferde mit atopischer Dermatitis sind allergen-spezifische Immuntherapien nicht der leichteste Weg, aber trotzdem im Moment meiner Meinung nach der beste von vielen unterschiedlichen Behandlungsmöglichkeiten, die alle eine langfristige Medikamentengabe erfordern.

Bemerkungen zu Pferden unter allergen-spezifischer Immuntherapie

✋ Glukokortikosteroide können gelegentlich in antiinflammatorischer Dosierung verabreicht werden, ohne die Therapie zu beeinflussen. Antihistamine, essentielle Fettsäuren und Antibiotika beeinflussen die Allergen-spezifische Immuntherapie nicht und werden häufig gleichzeitig mit ihr verabreicht.

✓ Wenn es regelmäßig nach der Injektion zu einer Steigerung des Juckreizes kommt, müssen die Dosis und die Frequenz korrigiert werden. Geringere Dosierungen können hilfreich sein.

✓ Wenn es regelmäßig vor der nächsten Injektion zu einer Steigerung des Juckreizes kommt, der sich durch die darauffolgende Dosis wieder sehr verringert, sind die Abstände zwischen den Injektionen wahrscheinlich zu lang und sollten reduziert werden. Auch die Dosis kann bei einigen dieser Pferde ohne Erfolgsverlust erniedrigt werden.

✓ Falls nach 4-6 Monaten kein Erfolg bei der Allergen-spezifische Immuntherapie sichtbar wird, empfehle ich, einen Veterinärdermatologen um Rat zu fragen, sofern noch ausreichende Mengen der Allergenlösung vorliegen. Eine auf das individuelle Pferd angepasste Änderung des therapeutischen Schemas durch einen in der Immuntherapie erfahrenen Kollegen (Dosis und/oder Frequenz) könnte von großem Vorteil sein.

Ich persönlich glaube, dass die Allergen-spezifische Immuntherapie momentan die beste verfügbare Behandlung der Atopie des Pferdes darstellt, sie kann aber nur dann bei allergischen Individuen effektiv sein, wenn die Pferdebesitzer und der Tierarzt realistische Erwartungen und die entsprechende Geduld für eine Therapie aufbringen, die sich meist über Monate erstreckt. Nur dann kann ein maximaler Erfolg erzielt werden !
Gerade in den ersten Monaten kann eine Allergen-spezifische Immuntherapie für den Besitzer und den Tierarzt unbefriedigend verlaufen, daher sollten unerfahrene Kollegen eine Überweisung zu einem Veterinärdermatologen in Betracht ziehen.

Ektoparasitäre Wirkstoffe

Bei der Behandlung von Patienten mit Ektoparasiten müssen die Umgebung und andere Kontakttiere mit berücksichtigt werden. Die Infestation der Umgebung ist signifikant bei Grasmilbenbefall *(Trombicula alfreduggesi, Neotrombicula autumnalis)*, ausserdem bei Befall mit Läusen. *Chorioptes* und *Psoroptes* Milben können ebenfalls in der Umgebung mehrere Wochen überleben. Kontakttiere müssen gegen alle diese Ektoparasiten außer Grasmilben behandelt werden. Viele dieser Medikamente sind als Insektizide klassifiziert und ein Einsatz in dafür nicht registrieten Indikationen ist in vielen Ländern verboten.

Insektenverdachtsbehandlung und individuelles Management von Pferden mit Culicoides Allergie

Behandlungsempfehlungen variieren von Pferd zu Pferd und hängen von der individuellen Situation ab. Weitgehend sichere und effektive Insektizide sind verfügbar (siehe Tabelle 9). Als Tierärzte sollten wir in der Lage sein, Kunden mit einem spezifischen, auf die Situation zugeschneiderten Programm zu beraten.

🗝 Der häufigste Grund für ein Versagen der Insektenkontrolle oder Verdachtsbehandlung auf Insektenallergie ist die mangelnde Kooperation des Besitzers. Sie sind entweder nicht willens, nicht unterrichtet genug, zu nachlässig oder manchmal einfach körperlich nicht in der Lage, das zu tun, was eine gute Insektenkontrolle erfordert. Die Auswahl des richtigen Protokolls und die ausreichende Unterrichtung des Besitzers werden die Chancen für eine erfolgreiche Therapie sehr erhöhen.

✓ Aufstallung tagsüber (bei Bremsenallergien) oder vom Spätnachmittag bis zum Spätmorgen (für Mücken- und *Culicoides*-Allergie) mag hilfreich sein.

Tabelle 9
Ausgewählte Ektoparasitika in der Pferdedermatologie

Wirkstoff	Formulierung	Bemerkungen	Indikationen	Nebenwirkungen	Dosis,
Ivermektin	10 mg/ml orale Lösung		Wirksam bei *Psoroptes* spp., Parafilariase, Habronematose, Onchozerkose		200-300 mcg/kg alle 2 Wochen
Schwefelkalk	97,8% schwefelhaltige Kalklösung	Sicher, aber riecht schlecht.	Wirksam bei Milben wie *Chorioptes* und *Psoroptes* spp.	Kann gelegentlich die Haut irritieren	1 Teil wird mit 32 Teilen Wasser gemischt und Waschungen 1-2 x wöchentlich für 4 Wochen durchgeführt
Fipronil	0.29% Spray in 250 ml Flaschen	Riecht während der Applikation sehr stark.	Spray wirksam gegen *Chorioptes* spp. und Herbstgrassmilben	Gelegentlich kurzzeitige Irritation an den Applikationsstellen	Die Beine von den Ellbogen und Kniegelenken ab alle 2 Wochen einsprühen.
Pyrethrin	0.05-0.2% Spray	Repellente Wirkung und Adultizid. Geringe Toxizität.	*Culicoides* Allergie		Das Pferd zweimal täglich bis wöchentlich einsprühen.
Permethrin		Repellente Wirkung und Adultizid. Geringe Toxizität.	*Culicoides* Allergie		Das Pferd zweimal täglich bis wöchentlich einsprühen.

✓ Bei Aufstallung muss daran gedacht werden, dass einige Insekten, insbesondere *Culicoides*, sehr klein sind (bis 1 mm) und daher durch die typischen Fliegengitter kriechen können. Für diese Mücken sind besonders feinmaschige Netze nötig.

✓ *Culicoides* sind (im Gegensatz zu Bremsen) schwache Flieger und ein starker Ventilator auf der Weide oder im Stall kann hilfreich sein. Als Alternative können Pferde von geschützten Weiden auf dem Wind mehr ausgesetzte Weiden verbracht werden.

✓ Massnahmen in der Umwelt, wie Drainage von sumpfigen Weiden oder die Entfernung von Pferdeäpfeln oder kompostierendem Pflanzenmaterial können ebenfalls wirksam sein.

✓ Wenn die vorhandene *Culicoides* Spezies mehr die Dorsalaspekte des Pferdes belästigt, können Pferdedecken und Kopfschutz helfen.

✓ Repellente Insektizide wie Pyrethrine oder Pyrethroide können bis zu täglich angewendet werden.

Immunsuppressive Therapie

Bevor man über eine immunsuppressive Therapie nachdenkt, muss man sich seiner Diagnose sicher sein. Es kann für Ihren Pferdepatienten sehr gefährlich werden, mit einer Therapie zu beginnen, wenn zur Diagnosestellung einer Autoimmunerkrankung ausschließlich die Anamnese und klinische Untersuchung herangezogen werden. Wenn das Pferd eine infektiöse Erkrankung hat (mykotisch, bakteriell oder parasitär) könnte sich sein Zustand rasch verschlechtern. Es gibt keinen Grund, bei immunvermittelten Erkrankungen eine Verdachtstherapie einzuleiten (mit Ausnahme von Pferden, die ansonsten euthanasiert würden).

Patienten mit Autoimmunerkrankungen können Sekundärinfektionen haben, die erkannt und behandelt werden müssen.

Es ist unmöglich, für eine immunsuppressive Behandlung ein universell geltendes Rezept zu geben. Jedes Pferd reagiert anders auf die Wirkstoffe, die in diesem Kapitel besprochen werden, und für jeden Patienten muss ein individueller Therapieplan erstellt werden. Eine immunsuppressive Behandlung verlangt Instinkt, Sensibilität und Erfahrung in Verbindung mit einem theoretischen Grundwissen, dessen Vermittlung jedoch den Rahmen dieses Buches sprengen würde. Es gibt jedoch gewissen Anfangsdosen, die als Richtlinien verwendet werden können. Bei Pferden sind immunsuppressive Medikamente mit Ausnahme von Glukokortikoiden sehr viel teurer als beim Menschen oder Kleintier und daher für viele Besitzer nicht machbar. Deswegen wird immunsuppressive Therapie beim Pferd in der Regel mit Glukokortikoiden begonnen.

✓ Die in Tabelle 10 angeführten Dosierungen sind diejenigen, mit denen begonnen und die möglichst schnell auf die geringste wirksame Dosis reduziert werden sollten.

✓ Die Dosis sollte dann reduziert werden, wenn die klinischen Symptome zurückgehen oder wenn die Nebenwirkungen zu eklatant sind. Bei einem Pferd mit schweren Nebenwirkungen und aktiven klinischen Symptomen sollten zusätzlich andere Medikamente eingesetzt werden.

⊶ Wenn ein gut eingestelltes Pferd plötzlich einen Rückfall zu bekommen scheint, muss immer an das Auftreten einer mykotischen oder bakteriellen Infektionen gedacht werden. Statt eines Rückfalls der immunologischen Erkrankung könnte es sich auch um ein durch die Therapie induziertes Problem handeln. Diese Patienten sind immunsupprimiert und daher besonders anfällig für Infektionskrankheiten! Die Dosis der immunsupprimierenden Medikamente zu erhöhen, ist nicht immer eine gute Idee.

Tabelle 10
Immunsuppressive Medikamente (die Formulierungen können in verschiedenen Ländern variieren)

Wirkstoff	Formulierung	Bemerkungen	Nebenwirkungen	Dosierung	Monitoring,
Prednisolon	20-mg, 50-mg Tabletten, Granula	Schneller Wirkungseintritt, nicht teuer, hohe Erfolgsquote, Nebenwirkungen können insbesondere mit Langzeittherapie sehr ausgeprägt sein	Polyurie, Polydipsie, Lethargie, Infekte, Muskelschwund, Laminitis (Rehe).	2 mg/kg alle 12-24 h	Klinisches Monitoring in der Regel ausreichend
Azathioprin*	50-mg Tabletten	Verspäteter Wirkungseintritt (mehrere Wochen), sehr teuer.	Durchfall (spricht oft auf Dosisreduktionen an), Knochenmarksuppression. Bei Hunden kommt perakute Lebertoxizität vor, bei anorektischen Pferden wird eine klinische Chemie empfohlen.	2 mg/kg oder 50 mg/m2 alle 24 h	Blutbilder nach 0, 1, 2, 4, 8, 12 Wochen und dann alle 3 - 6 Monate
Aurothioglucose*	50 mg/ml Suspension	Verspäteter Wirkungseintritt (6-12 Wochen), sehr teuer.	Knochenmarkssuppression, gelegentliche Hauteruptionen und Proteinurie sind bei Mensch und Hund gesehen worden.	1 mg/kg alle 7 d IM. Nach Remission Frequenzreduktion , alle 2, dann 3, dann 4 und schliesslich alle 6 Wochen	Blutbilder nach 0, 1, 2, 4, 8, 12 Wochen und dann alle 3 - 6 Monate

Appendix – Anamnesebogen

Name: ____________________ Besitzer: ______________________________

Rasse: ____________________ Alter: _______ Geschlecht: ______________

Grund der Vorstellung: ____

Juckreiz vorhanden? ❑ Nein ❑ Ja Wenn ja, wo?

❑ Kopf ❑ Beine ❑ Rumpf ❑ Schwanz ❑ Rücken ❑ Hals

❑ Generalisiert ❑ Permanent ❑ Sporadisch

Hautläsionen vorhanden?

❑ Exkoriationen ❑ Krusten ❑ Schuppen ❑ Haarverlust ❑ Quaddeln

❑ Gewichtsverlust

Andere Symptome? ❑ Niesen ❑ Husten ❑ Augenausfluss

Wann begannen die Probleme? ______________________________

In welcher Jahreszeit treten Symptome auf?

❑ Frühling ❑ Sommer ❑ Herbst ❑ Winter ❑ Ganzjährig

Was führt zur Verschlimmerung? ______________________________

Was führt zur Besserung? ______________________________

Andere Probleme? ______________________________

Was wird gefüttert? ______________________________

Sind andere Pferde auch betroffen? ❑ Ja ❑ Nein Details: __________

Sind Besitzer betroffen? ❑ Ja ❑ Nein Details: __________

Umgebung: Stall ______________________________

Koppel/Weide ______________________________

Womit wird das Pferd entwurmt? ______________________________

Fliegen-/Mückenkontrolle ______________________________

Andere Medikamente: ❑ Shampoos ❑ Sprays

❑ Tabletten ❑ Injektionen

Letzte Tablette gegeben am: __ / __ / __ Effekt: ______________________

Letzte Injektion gegeben am: __ / __ / __ Effekt: ______________________

Weitere Kommentare: ______________________________

Index

A

B

C

D

E

F

J

K

L

M

N

O

P

Q

R

S

T

U

V

W

Z

NOTIZEN

NOTIZEN